□ 钱学森于1987年5月25日在中国人民大学第一届"吴玉章学术讲座"上做《社会主义建设的总体设计部——党和国家的咨询服务工作单位》学术报告（钱学敏提供）

□ 钱学森（1990年2月4日拍摄，钱学敏提供）

# 钱学森
# 山水城市科学思想

Qian xuesen's scientific thought of Shanshui city

何凤臣／著

中国建筑工业出版社

**图书在版编目（CIP）数据**

钱学森山水城市科学思想 = Qian xuesen's scientific thought of Shanshui city / 何风臣著 . — 北京：中国建筑工业出版社，2022.9
ISBN 978-7-112-27861-9

Ⅰ . ①钱… Ⅱ . ①何… Ⅲ . ①城市规划－研究 Ⅳ . ①TU984

中国版本图书馆 CIP 数据核字（2022）第 161642 号

责任编辑：徐昌强　陈夕涛　李　东
责任校对：董　楠

**钱学森山水城市科学思想**
Qian xuesen's scientific thought of Shanshui city
何风臣　著
*
中国建筑工业出版社出版、发行（北京海淀三里河路 9 号）
各地新华书店、建筑书店经销
华之逸品书装设计制版
北京中科印刷有限公司印刷
*
开本：880 毫米×1230 毫米　1/16　印张：12¾　字数：157 千字
2022 年 12 月第一版　2022 年 12 月第一次印刷
定价：**58.00** 元
ISBN 978-7-112-27861-9
（40011）

# 前言

# 山水城市　知行合一

孟兆祯，北京林业大学教授，博士生导师，中国工程院院士，住房和城乡建设部风景园林专家委员会副主任

人类的建设需要世代的接力。钱学森先生，中央赋予他“杰出贡献科学家”的称号。他除了在航空航天方面成就卓著外，在城市建设及风景园林方面，他的见解和观点也很触动我的心灵。我的认识也是在逐渐改变的，从没有到逐渐升华。他提出的两个问题都是中国建设当中很重要的问题。首先是城市问题，他认为应该设立一门“城市学”。他认为目前的城市学不够全面，从我国的发展来讲应在城市学的基础上研究城市规划。我觉得这个意见是很正确的。就我国现在的城市来说，名目繁多，都是由各个部戴上去的。比如说国家林业和草原局管的叫作绿城或者森林城市；住房和城乡建设部管理的叫作生态园林城市；生态环境部管的则叫人居环境城市；可以说名目繁多，但是并没有找到一个终极的城市目标。我觉得钱学森先生提出来的建设“山水城市”是城市建设的终极目标。为什么这样讲？我们的总目标是建设具有中国特色的社会主义社会。首先，中国的领土百分之六十以上是山地，我们的城市大多数也是建在山地上，这是从中国的实际出发的，比

如我们有一些山区城市，福建的三明市“九山、半水、半城”，山的比例占了很大，所以首先这符合中国的实际。

其次，它是承前启后、与时俱进的。“承前”就是中国的文化。我觉得中国的文化和西方的文化，它的分野就在于我们的自然条件不一样。我们是黄河、长江流域，西方是尼罗河、幼发拉底河、底格里斯河。尼罗河两岸主要的生产问题，就是丈量土地，于是他们发明了几何学，几何学就影响了建筑，建筑就影响了城规。上升到哲学高度，他们认为“一切的美是符合数学规律的”，西方建筑学的基础是数学，西方风景园林学的基础是建筑学。而我国的文化是从上古的洪水灾害、生产、生活斗争中产生的。下雨用疏浚的办法成功地疏导了洪水，疏浚的土堆成山，叫作九州山，后来中国的版图就是“九州”。人在山上就不会淹死，所以上升到哲学概念就是“仁者乐山，智者乐水；仁者静，智者动；智者乐，仁者寿”。“仁”是儒家道德总的概况，包含了众多的道德标准。从中国的生产和生活斗争中形成了“天人合一”的宇宙观和文化总纲，视宇宙为“二元”，即自然与人，人具有双重性和社会性，是观察和认识宇宙万物的根本。

所以说东西方的文化有区别。我国在东晋的时候就产生了田园诗，从田园诗转变成了山水诗。之前的诗歌多是吹捧帝王的，少有写自然的；从东晋开始才出现了山水诗。以诗表达情感是人之自然。人贵有志，以意表志，何为意境？意境对内足以抒己，对外足以感人。诗为意境之文学形象和最高、最美的表达方式。《尚书》说：“诗言志，歌永言，声依永，律和声。”《礼记》说：“诗言其志也，歌咏其声也，舞动其容也，三者本于心，然后乐器从之。”《毛诗序》中说：“在心为志，发言为诗，情动于中而行于言。言之不足，故嗟叹之；嗟叹之不足，故咏歌之；咏歌之不足，不知手之舞之，足之蹈之也。”这将中国的行为心理学说得很明白了。中国绘画开始也是人物画，逐渐有些山水配景，到南朝宋画家宗炳首创山水画，至唐代山水诗画已交融一体。宋苏轼评唐王维（字摩诘）的诗画说："观摩诘之画，画中有诗；味摩诘之诗，诗中有画。"而王维所造辋川别业自然是融诗入画了。文人是一个社会阶层，具有毕生文化的追求和文化素养之人也，是不为五斗米折腰、不为威力所逼、不为利诱所惑的爱国人士，以诗画陶冶性情，以诗画诠释人生。中国绘画追求的意境是"贵在似与不似之间，不似则欺世，太似则类俗"，学习方法是"搜尽奇峰打草稿"，创造方法是"外师造化，内得心源"。中国山水画创国际拍卖的高价也从某些方面反映了山水画的艺术价值。因此，由文学和绘画而来的中国风景园林艺术的境界和评价自然就是"虽由人做，宛自天开"了。山水诗和山水画都是以文学为基础的中华民族最根本的文化，从山水诗、山水画发展成了山水园林。

从中国来说要总结一下它的基本模式，从古至今都是"文人写意自然山水园林"，对山水特别崇敬，所以说"高山流水"是中国所有文化的最高境界。"山河"和"江山"都代表着国家，岳飞说"还我河山"就是要复兴国家。所以在中国，山水有特殊的文化意义，一直到现代，如《洪湖赤卫队》中韩英说："将来把我葬在山上。"毛主席纪念堂满墙画的都是山，我们现在要做的就是"爬过什么岭跨过什么山"。山水不仅是物质的，对中国来说也是精神的，它是中华民族文化的根基。所以钱学森先生提出把山水诗和山水画融入城市，建设山水城市，他是很有根基的。

治水在中国是国家大事。2000多年以前，通过都江堰得出一个经验，总结成十个字刻在石头上，唯恐后代人忘记。前四个字是"安流汇轨"，意思是安定水流，就是为它提供运行的轨道，轨道就是河床，有河床容纳水流就安定了。我们出现的灾害，北川也好，舟曲也好，都是因为人居环境占领了泥石流的通道而产生的，没有安定它的轨道——河床，泥石流就不会安定。后六个字是“深淘滩、低作堰”。水土流失是不可避免的，我们有一个成语叫“沧海桑田”，从沧海就变成了桑田。我们治水的根本就是深淘滩，深淘滩有容积了，就不需要筑很高的堰，所以低作堰。我们现在的城市建设，往往是以房地产为主，需要大量的陆地，就大量地填海，大量地促淤，包括上海的崇明岛。城市的自然土地是不会增长的，为什么上海在增长？因为崇明岛越来越大，除了自然的淤积外，还有人工促淤，上海的浦东机场就是促淤造成的。中国古代的科技大师管子说：“人与天调，然后天地之美生。”（《管子·五行》）建城市也好，搞园林也好，凡是要创造美的，首先要与自然协调。他又进一步讲：“其功天顺者天助之，其功逆者天违之。天之所助，虽小犹大；天之所违，虽成必败。”（《管子·形势》）我们认为人是自然的一员，从属于自然。自然是君，人是臣，在此制约下，人的主观能动性表现在“人杰地灵”和“景物因人成胜概”。从报纸上可以看到，上海促淤的长江口现在出现了两个问题：一是漂浮物聚集不散，水推不动它；二是上海促淤海平面升高超过世界其他国家。比较严重的是天津，因为天津填海填得最厉害，这种规律是不可违的。

再次，谈谈我国的山水城市。从山水诗、山水画而来的“山水城市”是科学发展中国现代城市的“正本清源”之路。中国古代已将山水诗、山水画写入城镇建设的理论与实践。“三山五岳”“五湖四海”是山水的国土规划，“关中八景”“钱塘八景”等是地区规划，“西湖十景”是山水城市建设和城市规划，燕京八景也是山水城市建设。由山水盆景、山水小品、含宅园和皇家园林的山水园林、山水风景名胜区、山水城市、山水城市群、地带山水和锦绣河山的山水国土构成山水总体系列，都是文人写意的内涵。无论北京、桂林、广州，还是杭州，它们都是山水城市，但并不是很自觉地按照科学理论来做的。即使是五朝古都北京，虽有明显的南北中轴线，但此线是“以山为轴”。南起泰山轴线、中贯北京景山、北抵元代蒙古都城；东襟渤海、西枕太行；东有潮白河、西有永定河。元代郭守敬发现顺义有泉眼，为了避免直接南引的水头损失，所以不往南移，而往西移，从昌平神山白浮泉引水至太行山麓，汇太行山地面径流南行纳入玉泉山水系，建两个湖，一个高水湖抬高水面，一个养水湖沉淀泥沙，储水昆明湖经长河由西直门附近入城。以什刹海、后海、北海、中南海的自然折带之水贯穿，辅佐中轴线、棋盘式之都城，再经京杭运河出海，使山、河、海贯通、融汇为一体。广州也是一样，广州是白云山，白云山下面有两条溪流，把溪流引到广州西部形成了西湖，引到东部形成了东湖，也就是现在的东壕涌，然后进入珠江，从珠江出海。我们的祖先所着眼的就是山、城、水、海构成一个整体，这是人的生命安全的保护。

最后，讲讲美感。钱学森先生认为风景园林学科不能混同于视觉艺术。美学家李泽厚先生也有概括，他说中国园林是“人的自然化和自然的人化”。前句是世界园林的共性，后句是中国园林的独特性。用诗情画意创造空间是中国的特色。我以一首七言诗来说明中国风景园林艺术：“诗情画意造空间，综合效益化诗篇。相地借景彰地宜，人与天调境若仙。”人的自然化，山水就是自然地形的张力，是一个地纲。为什么我们的山水诗、山水画经久不衰？因为它是一个地纲，这里面把人的美容纳进去，所以孔子喜欢看大山大水，他的弟子就问他为什么喜欢看，他说大山大公无私，供应树木生长，鸟兽才有生命。水有志气，万者比东，水都是往东流；水很公平，自量于平，我们过去丈量的时候拿水来量。他还说水最勇敢，瀑布不论多深水都往下流。把人的一切美德都集中在山水之上，这就是所谓的“君子比德于山水”。

尧舜的时候就有了“山水有大德而不言，山水之大德在于生”。我们的山水城市建设不是轻易提出的，而是经过了对历史反复的学习、推敲而提出的，让我们把山水诗、山水画融合在城市里，变成“山水城市”。这一思想为我们的城市建设提出了一个方向，为什么说是方向？因为只有“山水城市”反映了中国特色。所以我觉得在城市建设中，园林不是附属于建筑的支脉，而是独立的。现在，这一想法已经实现了，风景园林学科成为全国一级学科，说明钱学森先生很多年前就预见到了这一点。

综上所述，山水是我国文化的根源，高山流水是众文化共同的最高境界。山水造福于人，但也可以覆舟，我们当承前启后地发挥山水文化，从山水诗画园到山水城市。历史并非没有知行合一之举，但要走向自觉、全面、深入，使山水城市与时俱进，我们还必须付出努力，共同建设城市的终极目标，即能持续发展的山水城市。这不仅是城市规划师的事，也是建造师的事，更是风景园林师的天职。以城市规划师为帅，让我们共同兴造充分反映中国特色的山水城市，锦绣河山如诗如画就是中国的美好前景。

钱老还提到绿地要占城市的二分之一，而现在我们的城市绿地是百分之三十。世界上就有城市绿地占二分之一的，比如欧洲就是，所以这不是空想。将来城市的发展建筑都往高处走，容积率增加，百分之三十绿地如何平衡高楼大厦的影响？平衡不了的。究竟如何平衡，还需要我们去研究探讨。钱老很大胆地提出了绿地要占二分之一，这是很值得我们慎重考虑的。中国关于山水诗、山水画、山水美的研究是非常丰富的。“山水城市”的提出为我们点亮了一盏明灯，为城市建设和科学发展指明了方向。学科发展的方向也是世代接力的。我们学科的创始人汪菊渊先生制定了学科的三个层次——古代园林、城市绿化系统、大地景物规划——都为我们奠定了基础。我们以往的概念是城市要做的就是绿地系统。钱学森先生提出的山水城市如果有二分之一是绿地的话，那么风景园林师必须学习城市规划，必须介入城市规划，在城市规划师的统率下介入城市的综合建设，这样才能改变城市建设的方向。

孟兆祯

2022年4月4日

100084

本市海淀区清华大学

吴良镛教授：

4月1日信及尊作《"山水城市"与21世纪中国城市发展纵横谈》都收到，我十分感谢！

读了您的文章更使我感到，在建国初年如北京市能采纳梁先生的建议，将新城建于西山脚下，那今日的北京可以都如香山饭店那样优美了！

我们要吸取教训呀！

此致

敬礼！

钱学森

1993.4.7

100835

本市百万庄国家建设部内中国城市科学研究会

鲍世行同志：

您9月25日信及附件都收到。

我现在才知道：我国国家建设部已于1992年提出创建"园林城市"，几年来已在全国评审命名北京、合肥、珠海、马鞍山等8个园林城市。现在继重庆市之后自贡市又提出要建山水园林城市，很自然，重庆市和自贡市是不是要把城市建设再提高一级，从园林城市到山水园林城市？据此情况，似可把城市建设分为四级：

一级　一般城市，现存的　；

二级　园林城市，已有样板；

三级　山水园林城市，在设计中；

四级　山水城市，在议论中。

您是城市科学专家，此意当否？请教。

所以山水城市是21世纪的城市。那么21世纪的社会主义中国将是什么样的中国？首先是消灭贫困，人民进入共同富裕；然后要考虑到两个产业革命的巨大影响；

1是信息革命，即第五次产业革命，使绝大多数人不用天天上班劳动，可以"在家上班"。2是农业产业化，即第六次产业革命，使古老的第一产业消失了，成为第二产业；这也就是您信中说的农村转化集中成为小城镇。这样我国人民将都住在城市：全国大多数人住在小城镇，大城市是少数。上千万人口的特大城市，全中国有几个而已。

中国的城市科学工作者面临的就是这样一幅全景。他们要把每一个这样的城镇、城市建成为山水城市！ Garden City、Broadacre City、"现代城市"（L.柯布西耶）、"园林城市"、"山水园林城市"等等都将为未来21世纪的山水城市提供参考。

这就是我现在的想法；对吗？请指教。

您10月13日的广播，我将安排收看。

此致

敬礼！并祝 节日愉快！

钱学森

1996.9.29

100872

本市海淀区中国人民大学

钱学敏教授：

读了您6月2日来信后，知道您对"夏商周断代工程"也有很高的评价。我曾为此去信给宋健同志祝贺他办了件综合社会科学、自然科学和技术的大事！将来成果出来了，我们再看是否为大成智慧工程，现在还太早。

至于新儒学，我近读黄楠森教授在《文艺理论与批评》1996年3期文《马克思主义与中国文化的发展》，很同意。现复制送上，请参阅；可与《现代新儒学心性理论评述》比较。

要建立大成智慧和大成智慧工程需要有开阔的思路。前日奉上《山水城市》书，其编者鲍世行和顾孟潮就是我的老师；前一位是城市科学行家，后一位是建筑学行家。我同他二位接触就受益良多。不久前同他们面谈（6月4日下午），我们想到了能要确立一门新的科学技术——建筑科学，这是一门融合科学与艺术的大部门：其基础科学层次包括讲建筑与人、建筑与社会、建筑与技术手段的学问，目前顾孟潮同志称为"建筑哲学"；其技术理论层次才是现在的建筑学、城市学等等；其工程技术层次是现在的建筑设计、城市规划等。上面的部门概括和到马克思主义哲学的桥梁，才是真正的建筑哲学。那天我们谈得很开心，这是现代科学技术体系中的第十一个大部门了。此议您以为如何？请教。

此致　　敬礼！

钱学森

1996.6.12

630045

四川省重庆市市中区中山四路81号市建委内

重庆市城市科学研究会

李宏林秘书长：

您元月25日信和3个材料都已由鲍世行同志转来，对此我十分感谢！您们要我在3月28日召开的"重庆市创建山水园林城市学术研讨会"写一封信对会议"进行指导和引导"，这我很不敢当！我对重庆市的情况并不了解，只是在1959年夏日去过一次，呆了大约4天5天，所以对会议是没有发言权的！

承邀请，我只在看了您送来的3件文件后，在下面写点感想，向您请教：

(一)重庆市园林管理局和重庆风景园林学会已开展了"建设重庆山水园林城市的研究"软课题工作，已有1年了；

并将于今年年底结束。这是在我国有始创性的！

（二）但从文字看，承担研究工作的都是搞园林绿化的，而其它两个文件都是讲园林绿化的；这就引起我的一个疑问：同志们是否以为搞好园林绿化、风景名胜区，就完成了重庆市的山水园林城市建设任务呢？那可不是我设想的山水城市。

（三）我设想的山水城市是把我国传统园林思想与整个城市结合起来，同整个城市自然山水条件结合起来，让每个市民生活在园林之中，而不是要市民去找园林绿地、风景名胜。所以不用"山水园林城市"，用"山水城市"。

（四）建山水城市就要运用城市科学、建筑学、传统园林建造的经验、高新技术（包括生物技术）

以及群众的创造，如重庆市的屋顶平台绿化。

所以建"山水城市"将是社会主义中国的世纪性创造，它不是中国过去有钱人的园林，也不是今日国外大资本家的庄园！

以上这四条不知说得对不对，请指教。

此致

敬礼！

钱学森

1996.3.15

100835

本市百万庄国家建设部内中国城市科学研究会

鲍世行同志：

您6月19日信收到。再版座谈会也开完了吧？

您说"山水城市"的核心精神主要是："尊重自然生态，尊重历史文化，重视科学技术，面向未来发展，对于这一点一定要全面地、正确地理解，并非仅是搞一些具体的控水堆山。"这很好！我想这也是放大眼光，从现代科学技术的体系来看"山水城市"，要站得高、看得远，运用马克思主义哲学、辩证唯物主义！这就需要建立起现代科学技术体系中的第十一个大部门—建筑科学部门！

对建筑科学大部门，我们6月4日谈的还待深入。顾孟潮同志也对此有很好的意见，那天他没有来得及谈到。请您二位内行人多研究，您们最有发言权。

此致

敬礼！

钱学森

1996.6.23

100835

本市百万庄国家建设部内 中国城市科学研究会

鲍世行秘书长：

5月26日信收到。又得佰元稿酬，谢谢！

您在国际城市生态建设学术研讨会上成功地作了报告，受到包括国际友人在内的热烈欢迎，我谨向您表示祝贺！

至于我那篇城市论文，不过是将梁思成先生、吴良镛教授、贝聿铭先生等的思想用"山水城市"一词表达出来而已，发明权应归他们几位大师！

现在既然明确地提出"山水城市"，那中国人就该真建几座山水城市给全世界看看。您们应考虑如何推动此事。对吗？

此致

敬礼！

钱学森

1993.5.24

# 目录

第1章　山水城市科学思想　/ 001

1.1 时代背景　/ 006

1.2 文化背景　/ 013

1.3 山水城市的核心概念　/ 020

第2章　山水城市山水文化　/ 027

2.1 坤德文化　/ 034

2.2 格物文化　/ 038

2.3 明德文化　/ 043

2.4 仁德文化　/ 048

第3章　山水城市山水古城　/ 057

3.1 丽江古城　金生丽水　/ 066

3.2 丽江古城　木府遗韵　/ 076

3.3 丽江古城　衔山抱水　/ 084

第4章　山水城市系统工程　/ 099
4.1 自然科学　/ 109
4.2 社会科学　/ 109
4.3 数学科学　/ 110
4.4 系统科学　/ 110
4.5 思维科学　/ 110
4.6 人体科学　/ 111
4.7 地理科学　/ 112
4.8 军事科学　/ 112
4.9 行为科学　/ 113
4.10 建筑科学　/ 113
4.11 文艺理论　/ 113

第5章　山水城市科学体系　/ 119
5.1 城市规划　/ 124
5.2 数量地理学　/ 139
5.3 地球表层学　/ 140
5.4 经济地理学　/ 141
5.5 数学理论　/ 142

第6章　山水城市综合集成创新体系　/ 145
6.1 理论创新　/ 147
6.2 技术自主创新　/ 152

附　录 / 163

严峻生态条件下可持续发展的研究方法论思考

——以滇西北人居环境规划研究为例 / 164

参考文献 / 169

后　记 / 171

# 第1章 山水城市科学思想

钱学森是我国航空航天事业的奠基人，“两弹一星”功勋科学家，为此中央授予他“国家杰出贡献科学家”荣誉和一级英雄模范奖章。钱老是从工程技术走到技术科学，又走到社会科学，再走到马克思主义哲学大门的。因此，他的哲学思想、他的科学观和宇宙观具有鲜明的科学性与实践性。他的方法论具有严谨的系统性。他对于系统科学、系统工程所做的开拓性贡献，是对唯物辩证法的补充和发展。他认为：“认识客观世界的学问就是科学，改造客观世界的学问就是技术。”为此他拓宽了现代科学技术体系。“山水城市”的创立就是纳入现代建筑科学体系之中，以形象思维提出，用逻辑思维立论，体现出“山水城市”的意境、特色和整体的系统性。“山水城市”的提出，关键是人才的培养。为此，钱老殚精竭虑地提出许多具体方法和措施。他提出大成智慧学和大成智慧教育的核心，就是将哲学和科学技术结合起来。既要有科学技术知识，又要有文学艺术修养，把形象思维与逻辑思维、宏观与微观、部分与整体集合起来，集大成，得智慧。“山水城市”的提出体现了钱老的科学观和宇宙观。他认为城市就是一个复杂的巨系统，强调要把微观建筑和宏观建筑、人工环境和自然生态、历史文化和现代科技结合起来，创建有中国特色的“山水城市”。1987年5月25日在中国人民大学第一届“吴玉章学术讲座”上钱学森作《社会主义建设的总体设计部——党和国家的咨询服务工作单位》。（图1-1）这里的“总体设计部”实际上也就是创建山水城市的“总体设计部”。钱学森在航空航天领域创建的“总体设计部”取得了辉煌业绩，在创建“山水城市”领域同样能取得辉煌。钱学森的科学思想为我们创建“山水城市”指明了方向。创新是创建“山水城市”的首要任务，科学技术创新与组织管理创新有机结合起来，实现综合集成创新才能做好“山水城市”创建之路，创新人才是创建“山水城市”的关键。

图1-1　钱学森于1987年5月25日在中国人民大学第一届“吴玉章学术讲座”上作《社会主义建设的总体设计部——党和国家的咨询服务工作单位》学术报告，这是报告后钱学森回答学生问题（钱学敏提供）

人类社会已经进入信息时代，整个人类社会通过世界市场和全球信息网络把不同经济发展状态、不同社会制度、不同意识形态为主导、不同种族、不同宗教信仰、不同地区的国家紧密地联系在一起。多格局和多极化使其形成一个开放的、十分复杂的动态巨系统。我们在物质文明和精神文明建设中所面临的问题也是千头万绪、变化多端十分复杂。怎样科学地解决这些复杂问题？钱老认为就是集古今中外智慧之大成，通过从定性到定量综合集成研讨成为体系。即利用古今中外信息数据和计算机、多媒体、灵境技术、信息网络构成人—机结合的工作体系，运用从定性到定量的综合集成法去处理复杂问题。这个综合集成法处理中心，钱老称之为“总体设计部”。我国现有670多座城市，城市本身就是一个复杂的巨系统。要想创建“山水城市”必须先建立一个“总体设计部”，并利用钱老的“山水城市”理论去指导城市建设。

1956年2月，钱老在周恩来总理的支持下，向国务院递交了《建立我国国防航空工业的意见书》，后来又亲自参加制定《1956—1967年科学技术发展远景规划纲要（草案）》，为我国整个科学规划提出了许多宝贵建议。对推动火箭、导弹事业以及我国航空航天事业的科学发展起到了重要作用。为此时任中国科学院院长的郭沫若赋诗一首：“大火无心云外流，登楼几见月当头。太平洋上风涛险，西子湖中景色幽。突破藩篱归故国，参加规划献宏猷。从兹十二年间事，跨箭相期星际游。”（图1-2）

1994年9月中国建筑工业出版社出版《杰出科学家钱学森论——城市学与山水城市》，1999年6月出版《杰出科学家钱学森论——山水城市与建筑科学》，2001年6月出版钱学森《论宏观建筑与微观建筑》。在短短几年中钱学森连续出版三部有关山水城市的学术著作，阐述“山水城市”的科学思想。此书一出版就引起了社会强烈反响。《杰出科学家钱学森论城市学与山水城市》一

□ 图1-2 郭沫若题诗

出版就告罄，1996年5月再次增订出版。鲍世行、顾孟潮在此书再版前言中说：“一本纯学术理论著作得以有再版的机会实在值得庆幸！以杰出科学家钱学森为首的专家作者群的辛勤劳动和苦心孤诣得到一定程度的社会认同。”钱学森作为一名世界级著名科学家，他对我国航空航天领域所作的开创性贡献是任何人都无法替代的。他是空气动力学专家、系统科学专家，那么是什么力量让他关注着中国城市建设呢？我们从中国建筑工业出版社出版的几部学术专著中就能读懂。“山水城市”概念一经提出，就得到了社会的强烈反响。我国的城市建设出现千城一面的局面，没有地方特色、民族特点、不注重生态保护和环境保护，人们渴望城市建设既要现代化又要民族化，所以“山水城市”的提出是有其时代背景和文化背景的。

## 1.1 时代背景

1990年7月，钱学森看到《北京日报》7月25日、26日第一版新闻和《人民日报》7月30日第二版报道，由清华大学建筑学院教授、中国科学院院士、中国工程院院士吴良镛（图1-3）主持设计的“北京菊儿胡同危房改建工程——楼式四合院”新闻后，心中很激动。1990年7月31日写信给吴良镛说：“我近年来一直在想一个问题：能不能把中国的山水诗词、中国古典园林建筑和中国的山水画融在一起，创立山水城市概念？”这一概念在钱学森心中已经酝酿许久。他在理论上逐步形成“山水城市”的概念不是偶然的心血来潮。1955年10月8日回国后，他于1958年3月1日在《人民日报》上发表《不到园林、怎知春色如许——谈园林学》，在1983年第1期《园林与花卉》杂志上发表《再谈园林学》，在1984年第1期《城市规划》杂志上发表《园林艺术是我国创立

□ 图1-3 吴良镛 中国科学院院士、中国工程院院士、清华大学建筑学院教授，1991年7月31日钱学森写信给吴良镛提出“创建山水城市的概念”，从此两位大师书信往来探讨“山水城市”的发展方向，为推动我国城市建设作出了重要贡献（照片来源：清华大学建筑学院研究所提供）

的独特艺术部门》，在1985年第4期《城市规划》杂志上发表《关于建立城市学的设想》。钱学森是我国杰出的科学家，“两弹一星”功勋战略科学家。从1955年回国后，他一直担任着重要职务。在百忙当中他一直关注着我国城市建设的发展，不断地在寻找一条适合我国国情的城市发展思路。“山水城市”概念就是这样一步一步形成完善的。钱学森说：“我设想的山水城市是把我国传统的园林思想与整个城市结合起来，同整个城市的自然山水条件结合起来。要让市民生活在园林之中，而不是要市民去找园林绿地、风景名胜。所以我不用山水园林城市，而用山水城市。”钱学森“山水城市”概念是与诸多建筑专家交流逐渐形成的，特别是与清华大学吴良镛院士的交流，不但提出“创建山水城市”的概念，还提出创建山水城市的理论和内涵。我们从他们的通信交往中就可以看到他们对我国的城市建设是非常重视的，提出了许多意见。1991年7月31日，钱学森写信给吴良镛提出“创建山水城市概念”，年底吴良镛在钱学森80寿辰时赠一幅书法作品（图1-4），内容是李白诗《下途归石门旧居》中的两句“如今了然识所在，向暮春风杨柳丝”，以寄托他们对创建山水城市的渴望。1993年4月，吴良镛就把自己创作的《山水城市与21世纪中国城市发展纵横谈》寄给钱学森，从而使钱学森对创建山水城市更加信心百倍。为了促进“山水城市”健康发展，钱学森于1993年4月11日写信给鲍世行说：“可以有多种多样形式的活动，办展览会、办学术研讨会、办高级建筑师培训班。”经详细准备于1993年2月27日在北京第一次召开有各学科专家学者参加的“山水城市”学术研讨会。会上钱学森作了书面发言《社会主义中国应该建立山水城市》，引起与会专家们的热烈讨论。城市建设怎么发展最符合中国国情，因为“山水城市”的创建大部分是在改造一个老城市，城市本身有自己的历史文化、地方特色、民俗特点，而且现有的城市已有好多名称，如园林城市、花园城市、生态城市和海绵城市等。创建“山水城市”，我们就应该朝着正确的方向不懈地努力，一代接一代地奋斗，“山水城市”就会在中国广袤的土地上建成，因为“山水城市”最符合中国国情，它是城市建设的终极目标。钱学森讲话给我们创立“山水城市”指明了方针、方法和方向。

### 1.1.1 方针

创建“山水城市”就是要意境美、整体美和特色美。意境美是“山水城市”的核心，中国山水文化的精华，山水城市必须有意境美。唐山是我国近代的工业基地，有瓷都、煤城之称，1976年7月28日唐山大地震，唐山人民自

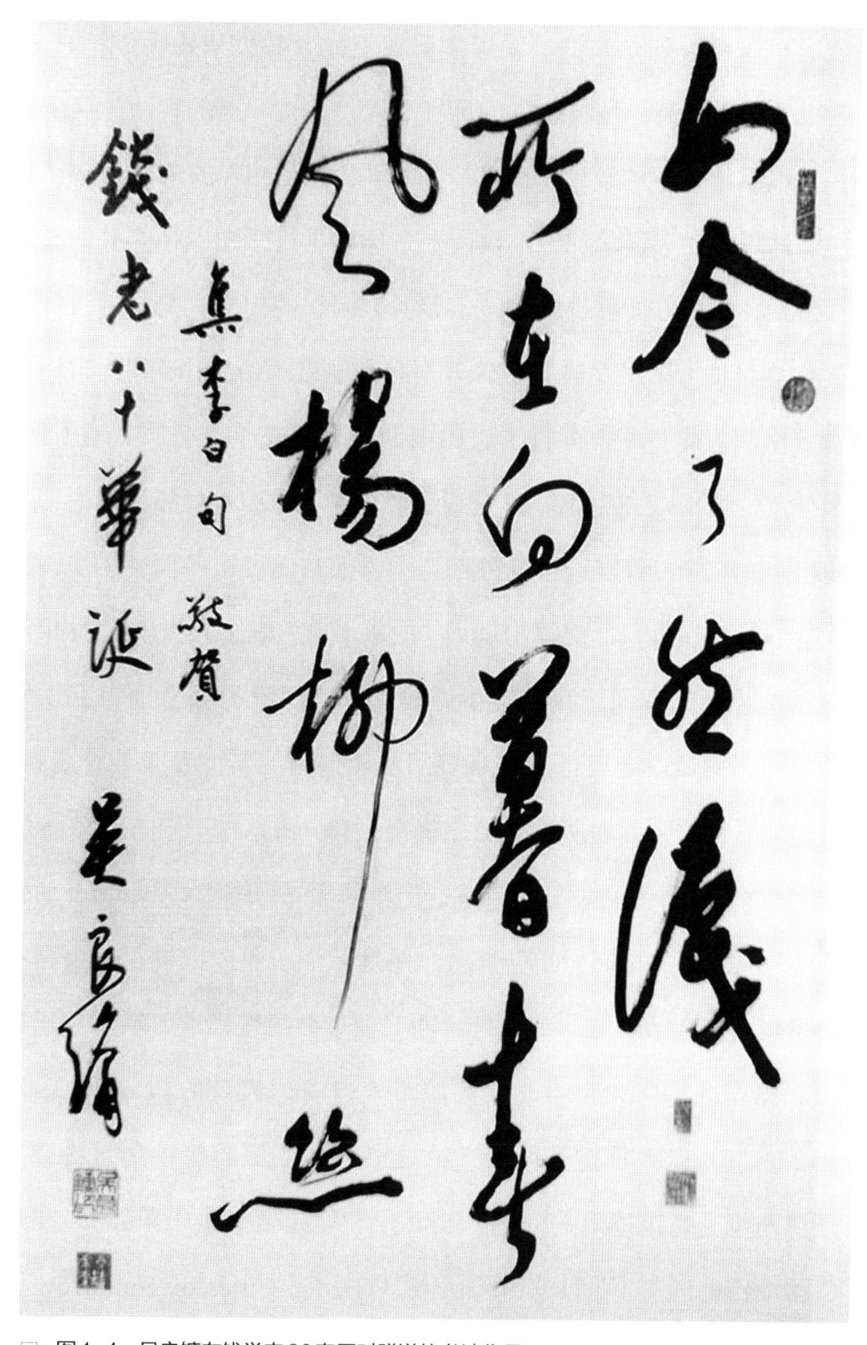


□ 图1-4 吴良镛在钱学森80寿辰时赠送的书法作品

强不息重新崛起，成为北方的工业重镇。可随之而来的是工业污染、生活垃圾随处堆放、建筑垃圾到处倾倒、采煤塌陷区遍布，致使唐山南湖地区22平方公里地区成为污水横流、垃圾遍野、臭气熏天、人迹罕至的重污染区。针对这样的条件，以胡洁为主的设计师团队，遵循“山水城市”的理念，采用地球表层学、经济地理学和定量学理论，权衡数量地理学科学知识，充分研究了唐山城市科学体系，将东方园林哲理化，借鉴西方园林的理想化文脉，设计出了富有东方文化意境的《凤凰涅槃》方案。方案实施后，给唐山带来了新的生机，真是凤凰重生。为此，联合国授予唐山南湖城市中央生态公园“HBI”中国范例贡献最佳奖。唐山南湖生态城正是践行了钱学森“山水城市”理论，利用了现代科技手段，充分发挥了设计师的创造力，使整座城市不但整体美，意境也非常深远。钱学森在世纪之交提出创立“山水城市”概念，指出了21世纪人类集聚地可持续发展的方向。我国改革开放以来，国家的综合国力有了质的飞跃。可随之而来的城市建设带来了众多问题。作为一名世界级的著名科学家，钱学森敏锐地看到这一问题所在，随之提出创立“山水城市”的概念。

历史无独有偶，20世纪之交，英国学者霍华德（Ebenezer Howard，1850—1928）提出了“田园城市”概念。他是一个职业速记员，但也是一个非常有社会思想的社会活动家。英国是欧洲工业革命的发祥地，城市化进程发展得非常快。据记载，1850年当时欧洲城市人口占总人口的11.6%，1900年就已经达到26%。人口大量集聚城市，给城市带来住房拥挤、交通堵塞、能源紧缺、环境污染、垃圾遍地等问题。当时伦敦就是著名的“雾都”。在这样的环境下，霍华德提出了“明日的田园城市”（Garden Cities of Tomorrow）概念。1898年10月以《明日：一条通向真正改革的和平道路》的书名出版，并于1902年再版时将书名改为《明日的田园城市》。据杨翌朝在《基于生态学的西方城市景观规划设计与中国山水城市思想》一文中记载："1899年霍华德发起了'田园城市协会'，并于1903年在距伦敦56公里处兴建了一座田园城市——莱奇沃思（Letchworth），1919年在伦敦北33.6公里处兴建韦林（Welwyn）。这两座'田园城市'没有达到霍华德预想的成功和影响力。"为什么？西方园林文化过于理想化，就像文章中分析的那样"他低估了在一个以赚钱为目的的经济社会中，一个大都市中心的强大吸引力。他想以创造3.2万人口一个独立自足的社区来替换伦敦过分拥挤的生活。这个具体建议本身没有很好的对待今天社会和技术的复杂性"。霍华德的"田园城市"为什么没有生命力？而钱学森的"山水城市"却充满了活力？唐山南湖生态城的建设实践证实了这一点。就像钱学森给鲍世行的信中所说："我们说的'山水城市'如果不用21世纪的科学技术，就不能实现我们新一代建筑师要充分发扬高新技术的可能作用。"唐山南湖生态城的建设实现了钱学森的"中国人就该真建几座'山水城市'给世界看看"的夙愿。

### 1.1.2 方法

中国传统园林富有哲理化，不管是苏州、扬州的庭式园林，还是北方的皇家园林，都遵循着"人法地、地法天、天法道、道法自然"的法则。"山水城市"要有中国文化风格，吸取传统中的优秀建筑经验，充分利用现代科学技术。建设"山水城市"的方法不是叫你挖水堆山。钱学森指出："我设想的'山水城市'是把我国传统园林思想与整个城市结合起来，同整个城市的自然山水条件结合起来，要让每个市民生活在园林之中。建'山水城市'要运用城市科学、建筑学、传统园林建筑的理论和经验，运用高新技术（包括生物技术）以及群众的创造。"如吴良镛主持设计的北京菊儿胡同危旧房改建工程，就是吸取四合院合理部分并结合楼房建筑结构的特点，成为北京独具特色的“楼式四合院”。北京奥林匹克公园是以胡洁为主设计师带领众多学科的专家学者，充分研究北京城市的特点、特色和文化意境，提出“通往自然的轴线”的方案。胡洁老师在设计中大胆地将中国传统文化与西方园林景观设计理念相融合，以中国传统山水文化中的龙为创作原动力。园中的龙水系是承载着中华五千年文明的纪念大道，与北京城的中轴线有机衔接。这条北京城的文化轴线，从天坛、天安门广场、紫禁城、景山、鼓楼一直延伸到奥林匹克公园，她承载着千年的中华文明，已经融入中华民族的血脉中。这条通往自然的轴线，上承中华民族传统文化，下接现代城市科学信息；前承中国古典园林的哲理，后接西方园林的理想。奥林匹克公园已经融入北京城，北京已经在奥林匹克公园中，实现了钱学森“要让每个市民生活在园林中”的理想。

### 1.1.3 方向

“山水城市”向何处发展、怎么发展？鲍世行提出三条意见并得到了钱学森的认同：“尊重自然生态、尊重历史文化，重视现代科技、重视环境艺术，为了人民大众、面向未来发展。”“山水城市”的提出是钱学森多年的心血结晶，从概念到理论已经逐步完善。他在信中对鲍世行说：“对于这一点一定要全面地、正确地理解，并非仅是搞一些具体的挖水堆山，这很好！我想这也是放眼世界，从现代科学技术体系来看‘山水城市’，要站得高、看得远，运用马克思主义哲学、辩证唯物主义！这就需要建立起现代科学技术体系中的第十一大部门——建筑科学部门。”“山水城市”既然纳入建筑科学体系，我们有必要了解钱学森的现代科学技术体系，从而很好地把握“山水城市”的发展方向。现代科学技术体系包括自然科学、社会科学、数学科学、系统科学、思维科学、人体科学、地理科学、军事科学、行为科学、建筑科学、文学艺术（第4章表4-1）。这十一大科学技术体系又分为基础知识、技术科学和应用科学。建筑科学的第一层次是建筑学；第二层次是建筑技术性理论，包括城市学；第三层次是工程技术，包括城市规划。第一层次的建筑学包括城市、建筑、园林三部分。所以建筑科学包括城市学、建筑学和园林学。建筑科学必须要通过建筑哲学的概括才能掌握马克思主义的辩证唯物主义理论。建筑科学并不是孤立的，它与其他学科是互通的。因为它是一门"科学的艺术和艺术的科学"。"山水城市"既然被纳入建筑科学体系之中，就要把握和深刻地了解城市学、建筑学和园林学。因为城市本身就是一个大系统。从这一点上就不难理解"山水城市"不是简单地挖水堆山了。它的意境、整体、特色三原则就是建立在现代科学技术体系之上的。

## 1.2 文化背景

《红楼梦》第十七回"大观园试才题对额、荣国府归省庆元宵"中记载：大观园建成后，贾政带领众清客逛园子时说："若大景致、若干亭榭、无字标题，任是花柳山水也断不能生色。"这是中国传统文人园林的意境。不管是苏、扬庭式园林，还是北方的皇家园林，寄兴于笔墨，取材于山水，两相融汇，形成独具特色的中国文人山水园林。"三山五岳"巧于因借是传统园林的手法，"五湖四海"因材施教是传统园林的理念，"诗情画意"富于表现是传统园林的意境。中国传统园林如果没有山的赋予，不足以见天下之广；没有水的赋予，不足以见天下之大。中国人为什么对山水的崇拜能达到这样的极致呢？首先我们要了解一下中国是一个农耕文化的国度，靠山吃山、靠水吃水，对山的敬畏、对水的敬仰已融入中华民族的血液中。人与自然法则的和谐相处，“天人合一”的哲理是中华民族在与山水相处中孕育而来，与山水相依为命。山水——成为立身安命之地，山水——成为孕育未来的母体，山水——成为传承文化的航船，一脉相承。自然生态环境孕育了华夏儿女。山水像母亲的乳汁养育着中华民族。山水又是人们活动的对象。愚公移山、大禹治水都是人类智慧的结晶。自然环境本身不是山水文化，只是物质基础。山水文化是人类与自然环境相融汇的思想。“黄河之水天上来，奔流到海不复回”，这是文人对山水的感悟，领略自然山水的哲理。中华民族五千年的文明是从山水中流淌出来的。孔子讲“智者乐水，仁者乐山，智者动，仁者静，智者乐，仁者寿”。山水是中华民族文化的母体，对山的依赖、对水的崇拜已在我们心目中根深蒂固。《山海经》中记载：“自太行之山以至于无逢之山，凡四十六山，万二千三百五十里。其神状皆马身而人面者廿神。”看来欧洲的人头马起源于中国。对山的崇拜达到神的地步，对水的敬仰也达到同样的高度。石涛在《画语录》中表述“山也有潜伏奔涌之势，海有吞吐欲言之态。山有拱揖礼貌之状，海能荐生命以灵性。山能脉运天下，扶助万物生长”。人们对山的依赖，对水的依靠已成为人们生存的法则。人们受惠于自然，取之于山水，同时又受制于自然。当人们无法了解自然灾害的雷、电、雨、雪自然常识时，敬畏成了崇拜，敬佩成了信仰。山神水仙成了人类的图腾，这就是人们敬仰山水的自然理由。

唐朝诗人杜牧有一首《江南春》：“千里莺啼绿映红，水村山郭酒旗风。南朝四百八十寺，多少楼台烟雨中。”这是山水比德。宗教与中国的山水文化有着密不可分的关系，三山五岳僧占多就是这种文化的结果。

### 1.2.1 山水城市的物质基础——自然生态

在中国广袤的大地上，当灿烂的阳光刚刚跳出东海的碧波，帕米尔高原依然星光闪烁。当春意盎然铺满南疆的田野，北国的风光依然银装素裹。中国国土地形复杂，西高东低山区占据三分之二的国土，遍布着众多名山大川。平原地区河流交错，湖泊遍布。这样的自然生态环境是创建山水城市的物质基础。城市是人类社会发展的产物、经济社会发展的动力源、自然环境相融汇的载体。所以，人类与自然环境的关系就是依存、依靠、依赖的全过程。城市的出现就是人类社会发展的需要。我们的祖先最早对自然环境的认识有着丰富的经验。山南为阳，山北为阴；河北为阳，河南为阴。因为这样的山水条件最适合人类生存。我们现在的许多城市名称都留有这样的文化遗迹，如南阳、淮阳、贵阳、汝阳、洛阳、江阴、淮阴、济南等。这都是我们祖先择山建城，选水而居的历史经验。生态环境是社会存在的物质基础，也是经济社会的组成部分。人类作用于自然，自然也作用于社会。当人类违背自然规律时必将受到自然的惩罚。事实证明自然生态环境与经济社会是相互作用的，共同和谐发展的。必须遵循“天人合一”的哲理。党的十八大报告指出，“建设生态文明，是关系人民福祉，关乎民族未来的长远大计。面对资源约束趋紧，环境污染严重，生态系统退化的严峻形势，必须树立尊重自然、顺应自然、保护自然的生态文明理念，把生态文明建设放在突出地位，融入经济建设、政治建设、文化建设、社会建设各方面和全过程。努力建设美丽的中国，实现中华民族的永续发展。”

钱学森认为：“我们说的‘山水城市’的构筑要充分利用现代科学技术，不能忘记现代科学技术的创造力。”由胡洁主持设计的“唐山南湖生态城规划设计”项目，充分将现代科技与传统文化结合，发扬高新技术与传统美学两相通融。唐山是我国北方的工业重镇，由于忙于建设而忽略了环境保护，由此带来的后果就是环境的污染、自然生态的破坏、采煤矿区的塌陷、工业垃圾的堆放、生活垃圾的倾倒，致使唐山南湖地区杂草丛生、污水横流、臭气熏天，人迹罕至。唐山自然山水是创造山水城市的理想场所，针对现有的垃圾山和污水塘怎样规划设计出理想的“山水城市”？胡洁带领设计团队深入一线调研，查看唐山的建城历史与现状，调研唐山的自然生态与文化，咨询地质学家、生态学家、治污专家和建筑专家，以中华民族的图腾——凤凰为创作原动力，寓意唐山在这堆废墟上再次腾飞，着力打造恢复自然生态、宜居的生活休闲之城。将在唐山南湖堆积了几十年的垃圾山、臭水塘，蜕变成景观秀丽、山清水秀、文化丰富的凤凰城，真是变腐朽为神奇。为此，联合国授予唐山南湖生态城“世界最适合人居的城市”。

### 1.2.2 山水城市的精神基础——历史文化

对话是政治活动的最佳良策，互补是发展经济的有益桥梁，教育是富民强国的必由之路，交流是丰富文化的有效手段，城市是社会发展的必然结果。山水城市就是人类发展的最佳方向，因为它是人类文化的结晶。钱学森讲：“因为生态城市实是我说的山水城市的基础——物质基础。建设山水城市要靠现代科学技术，如现在正兴起的信息革命就可以大大减少人们的往来活动。坐在家里就能办公，因此有可能在下个世纪解决交通堵塞问题，空气噪声污染，从而大大改进生态环境。山水城市则是更高层次的概念，山水城市必须有意境美！何谓意境美？意境是精神文明的境界，这是中国文化的精华。”我国改革开放40多年来，由于盲目地开发搞建设而忽视了我们赖以生存的生态环境。特别是城市的无序扩建，盲目的抄袭，使得全国城市千城一面。钱学森在1994年2月20日给顾孟潮的信中说："一个极为重要的建设科技问题似未得到重视，即在建设环境与人的心身状态。现在国外不是已有所谓的'高楼病'吗？在我国许多住在高层建筑的人家不也诉苦，望出去一片灰黄吗？所以的确有个建筑与心态的课题要研究。我倡议的'山水城市'也是想纠正此偏差。"钱学森这个建议已经说明我国城市建设出现了偏差。极力倡导建设"山水城市"要结合本地的自然生态环境，借鉴中国传统园林建筑思想，创建有文化意境的"山水城市"。他对我国的传统园林文化非常重视，因为那是祖国的优秀文化遗产。文人墨客曾对我国的城市有许多精彩的描绘。三明：好山好水好风情，数一数二数三明。济南：一城山色半城湖，千年趵突始如初。苏州：万家前后皆临水，四槛高低尽见山。常熟：十里青山半入城，七溪流水皆通海。杭州：水光潋滟晴方好，山色空蒙雨亦奇。绍兴：三山万户巷盘曲，百桥千街水纵横。广州：一城山水满城诗，千年白云飘荔枝。扬州：故人西辞黄鹤楼，烟花三月下扬州。孤帆远影碧空尽，唯见长江天际流。这些都是对我国山水城市的描绘，它的意境美已经达到了顶峰。那么我们的城市该如何发展才能建成钱学森所要求的"山水城市"呢？现在来分析一下由胡洁主持设计的奥林匹克森林公园。2008年第29届夏季奥运会在北京举行。北京是我国的首都，也是世界著名的文化古都。她承载着中华民族历史和帝都文化。钱学森对北京的感情真实、情真意切。他在1993年12月22日给中国建筑工业出版社的信中说："我自3岁到北京，直到高中毕业离开，1914—1929年，在旧北京待过15年。中山公园、颐和园、故宫，以致明陵都是旧游之地。日常也走进走出宣武门。北京的胡同更是家居之所，所以对北京的旧建筑很习惯，从而产生感情。1955年在美国20年后重返旧游，觉得新北京作为社会主义新中国的国都，气象万千！的确令人振奋！但也慢慢感到旧城没有了，城楼昏鸦看不到了，也有所失！后来在中国科学院学部委员会议上遇到了梁思成教授，谈得很投机。对梁教授爬上旧城墙，抢在城墙被拆除前抱回块大城砖，我深有感触。中国古代的建筑文化不能丢啊！”胡洁深刻理解钱学森“山水城市”的核心思想。他在设计之前对北京的文化内涵进行深入研究。利用他在美国多年的设计经验，结合中国传统文化思想，在总体规划设计中对奥运会场地的水系进行分析。以华夏民族图腾——龙作为创作原型，将龙水系贯穿整个奥运会场地。中华民族自诩是龙的传人。这条水系承载着龙文化，并呈现给世界。奥林匹克森林公园建成后的社会功能和生态功能凸显。它形成了北京城的绿肺，对调节北京城的气候，净化北京城的空气起到了不可替代的作用。它又成为人们休闲旅游的最佳场所，奥林匹克森林公园既传承了中国传统文化，又吸收了西方现代科学技术。这样的“山水城市”就是钱学森所设想的。从奥林匹克森林公园的案例来看，胡洁设计师充分理解和把握了中西文化的命脉，使自己的创作思想始终游走于两种文化之间，凸显了新一代景观设计师的灵感。

### 1.2.3 山水城市的思想基础——山水文化

唐代文学家刘禹锡在他著名的《陋室铭》中讲：“山不在高，有仙则名。水不在深，有龙则灵。斯是陋室，惟吾德馨。”这是中国山水文化的经典。清代郑板桥也讲过：“室雅何须大，花香不在多。”“删繁就简三秋树，领异标新二月花。”这表明了中国人对山水文化的感悟。山的宽阔胸襟，赋予人的灵感；水的涵养情怀，赋予人的灵气。中华五千年文明史就是山水文化史。中国传统文化的古都可以说就是我们所需要的“山水城市”。由于时代的变迁，社会的发展，经济的繁荣，人口的剧增，观念的落后，致使我们忽略了生态环境建设。钱学森在给鲍世行的信中说："北京市不是要夺回古都风貌吗？不研究整体美行吗？例如，北京市中心区的建筑已定型，是围绕故宫、天安门广场形成的，当然是古都风貌。城区西北有各高等院校，中国科学院、颐和园、西山也已形成景区，也是古都风貌了。但其他各区呢？北区？东区？东南区？要有整体景观规划啊！不然是夺不回古都风貌的。"钱学森以他科学家的独特敏锐眼光观察到了北京城市建设中存在的问题，并动情地说"不然是夺不回古都风貌的"。北京建城史已有3000多年，据司马迁《史记》记载：西周初年周武王灭商后在这建立了西周燕国都城。距今已有3060年的历史。3000余年来，北京城经历了多少风风雨雨，走过了多少坎坎坷坷，穿越了多少世态变迁。唯独没有变的就是北京古都文化符号；北京的故宫、北京的长城、北京的四合院、北京的胡同与北京人的热情构成北京古都的文化符号使人终生难忘。北京作为燕、辽、金、元、明、清六朝古都，她承载着中华民族文化的历史。北京城的建设完全按照《周礼·考工记》中营造的："君人南面以治天下，辨方正位，为天下本，匠人营国，方九里。"从地理格局上看，它背靠燕山，面临中原，是帝王坐北朝南治理天下的理想地方。这样的山水格局成就了古都的繁荣，这样的山水格局成就了帝王伟业，这样的山水格局凸显了山水文化。改革开放40多年来，北京城发生了质的变化，现在已经成为超大城市，承载着两千多万人的生活。它的生态功能已经不堪重负：交通堵塞、环境污染、能源枯竭、沙尘雾霾、噪声污染、生态失衡。如果我们再不重视生态建设，不把经济建设、政治建设、社会建设、文化建设贯穿到生态建设上来，我们的古都风貌将荡然无存，我们的"山水城市"又何从谈起！2008年北京奥运会，以胡洁为首的设计师团队选择了通往自然的轴线，将古都风貌再现给世界。整个奥林匹克森林公园以山水文化为创作元素，上承三千年古都文化，下接飞速发展的科技信息，把整个奥林匹克森林公园融入北京古都风貌当中，真正是城中的公园，公园中的北京城。它将北京天坛、天安门广场、故宫、景山公园的古都风貌延续到奥林匹克森林公园。这样的山水格局，这样的古都风貌不正是钱学森所追求的“山水城市”吗！“要让市民生活在园林之中，而不是要市民去找园林绿地、风景名胜。”

## 1.3 山水城市的核心概念

整体美、意境美、特色美是钱学森为“山水城市”定的发展方向。他认为，城市建设要有规划，要搞城市学的研究，都是说整体考虑的重要性。城市也是一个大系统，没有系统的整体考虑怎么行！这里要满足一个城市系统的特殊要求，即城市的整体景观。这就涉及艺术了。古代帝王，不论在中国还是在西方国家，为了显示王朝的威仪，也非常重视帝都的整体布局。这是封建王朝的城市整体设计。中国的隋唐长安、燕都北京，西方的罗马，都是如此。但是后来在资本主义国家，城市的建筑主要是资本家个人一座一座建的，他爱怎么建就怎么建，没有整体观了。建筑美成了单座建筑的美。这就使建筑师不考虑城市的整体景观，只顾一座建筑的美。建筑与城市分家了！建筑学是讲美的，是科学技术与艺术的结合。而城市学、城市科学就只讲科学技术与社会科学，不顾艺术了。这一分家也体现了中国既有中国建筑学会，又有中国城市规划学会、中国城市科学研究会。我认为这种分家是不正常的，是受西方资本主义的影响的。中国建筑学要同城市学结合起来，形成科学技术、社会科学与艺术的融合的“中国学问”。我们既讲究单座建筑的美，更讲城市、城区的整体景观、整体美。随着我国经济社会的快速发展，全国城市千城一面的弊端已经凸显。城市没有特色、没有意境，更没有整体美。为此，时任中国城市科学研究会副秘书长的鲍世行对“山水城市”建设提出三条发展思路并征求钱学森的意见。钱学森回信说：“您说‘山水城市’的核心精神主要是：尊重自然生态，尊重历史文化，重视科学技术，运用环境美学，为了人民大众，面向未来发展。对于这一点一定要全面地、正确地理解，并非仅是搞一些具体的挖水堆山，这很好！我想这也是放眼世界，从现代科学技术的体系来看‘山水城市’，要站得高、看得远，运用马克思主义哲学、辩证唯物主义！这就需要建立起现代科学技术体系中的第十一个大部门——建筑科学部门！”“山水城市”的提出，就是要纠正城市病的偏差。他既讲整体美，又讲意境美和特色美，这三点其实都是围绕着意境美而展开的。其中尊重自然生态，尊重历史文化，重视科学技术，运用环境美学，为了人民大众，面向未来发展也都是要讲意境美。因为这是中国的山水文化，民族文化的瑰宝。如果离开意境美“山水城市”就无从谈起，这是华夏民族文化之根。

### 1.3.1 山水城市的意境

“山水城市”的意境美是什么呢？实质上就是城市的内涵，包括城市的自然生态、历史文化、民俗地理、建筑美学等。钱学森认为：“我设想的山水城市是把我国传统园林思想与整个城市结合起来，同整个城市的自然山水条件结合起来。”照此建“山水城市”意境丰富，特色突出，整体美观，就不会有千城一面之尴尬。苏州、杭州、扬州为什么有各自的城市特色。万家前后皆临水，四槛高低尽见山，这是苏州“山水城市”的意境。中国园林的设计理念就是巧于因借。借景寓情，借山寓意，借水寓美，借诗抒怀。苏州是以古典园林著称于世，其美学价值就是意境美，精巧的构思，雅致的情趣，使意与境、情与景有机地融汇于园林之中。拙政园、狮子园、留园、沧浪亭是苏州园林的典范，同时也是中国古典园林的杰出代表。园林中的山、石、木、水、亭、台、楼、阁、榭、轩、斋都寄托着园主人的情怀。如沧浪亭取自《楚辞·渔父》中“沧浪之水清兮可以濯我缨，沧浪之水浊兮可以濯我足，随世沉浮”。沧浪亭是北宋诗人苏舜钦在选址建园时为寄托自己的旨趣而取的。他在朝为官时，被权势排挤，便隐居苏州建园，避嫌消遣，读书会友，游目山水，醉心风月，不求奢华，推崇淡泊的情怀，过着消遣于园林，赋闲于山水的隐居生活。我国的私家园林大部分是因仕途不畅，回家乡修建园子消遣度日的文人官员。只有他们才有能力，有财力，有思想办此事。他们为中国园林的发展，古典园林的意境，传统建筑的美学作出了不可磨灭的功劳。我国古典园林中的植物配置也非常有意境。松、竹、梅、玉兰、山茶、牡丹、荷花等，文人雅士自古就有人与植物“比德”的心境。松、梅、竹三君子，岁寒三友。就连清朝康熙皇帝在修建避暑山庄时也说：“玩芝兰则爱德行，睹松竹则思贞操，临清流则贵廉洁，览蔓草则贱贪秽。”从这一点上看，不管是私家园林还是皇家园林，其意境美是核心。我们在理解钱学森“山水城市”核心思想时，就得理解中国古典园林的意境美。只有深刻理解才能正确地认识“我国传统园林思想与整个城市结合起来，同整个城市的自然山水条件结合起来”的内涵，朝着这个思路去创建“山水城市”的意境美、特色美、整体美。

### 1.3.2 山水城市的特色

唐朝诗人白居易有首《杭州回舫》诗：“自别钱塘山水后，不多饮酒懒吟诗。欲将此意凭回棹，报与西湖风月知。”这就是杭州的特色。“水光潋滟晴方好，山色空蒙雨亦奇。”这就是西湖特色。钱学森在给吴良镛的信中就说：“把中国的山水诗词、中国的古典园林建筑和中国的山水画融在一起，创立山水城市概念。”这样的“山水城市”既有中国城市的特点，又有不同城市的文化内涵，形成各自特色的山水城市，各有风格的建筑品位。我们来分析一下杭州的文化特色，为我们创建“山水城市”提出一条正确的思路。杭州是我国的历史文化名城，六大古都之一。杭州以西湖而闻名，西湖以杭州而秀气。白居易、苏东坡都曾在此为官。“江南忆，最忆是杭州；山寺月中寻桂子，郡亭枕上看潮头。何日更重游！”“水光潋滟晴方好，山色空蒙雨亦奇。欲把西湖比西子，浓妆淡抹总相宜。”西湖因诗人而名声远扬，诗人因西湖而灵感迸发。为此，杭州人为在此做官的白居易、苏东坡在西湖留下白堤、苏堤。诗与景的交汇，情与山的融合，词与水的会话，真是诗中情、情中诗，这就是杭州，这就是西湖。我国著名的民间传说《梁山伯与祝英台》《白蛇传》的发源地也在杭州。

创建“山水城市”，一要有地方文化特色，包括地方自然生态，地方文化，地方民俗建筑，不要追求高、大、上。在实现中华民族伟大复兴的过程中，经济建设、政治建设、文化建设、生态建设都很重要，我们赖以生存的生态环境不能被破坏，我们赖以生活的山水城市不能没有！生态文明建设直指经济建设破坏了生态环境、人文生态环境，这样就会危及人类社会的永续发展。苏州、杭州、扬州有几千年民族文化的积淀，得天独厚的自然生态环境造就一方山水文化，同时也哺育了一批民族文化精英。历史无法逆转，但未来掌握在我们手中。胡洁主持设计的唐山南湖生态城就是一个很好的案例，可谓是当今的古典园林。它将唐山的自然生态环境、人文景观历史、民俗文化风情用现代科技手法创造出“凤凰传奇”，使唐山南湖地区化腐朽为神奇，使我们看到了苏、扬古典园林扩大版的“山水城市”。

### 1.3.3 山水城市的整体美

“山水城市”的整体美是指城市的自然生态环境、人文历史环境、建筑美学与城市有机相融合。当今经济建设的快速发展给城市带来了诸多问题。看北京的道路建设就会发现创建“山水城市”的难度。拥有两千多万常住人口的北京，道路拥挤是正常现象。市政建设不断扩路，道路还是拥挤，再扩路再拥挤，修立交桥还是照样拥挤不堪。针对这样的问题，钱学森提出：“城市建设要有规划，要搞城市学的研究，都是说整体考虑的重要性。城市也是一个大系统，没有系统的整体考虑怎么行！这里要满足一个城市系统的特殊要求，即城市的特殊景观。这就涉及艺术了。”北京出现立交桥时，钱学森深为此担忧，写信给时任中国城市科学研究会副秘书长鲍世行。他在信中对北京立交桥的出现一定要与北京古都风貌相协调，怎样绿化、怎样与北京周边环境融为一体提出了详细看法。他说：“立交桥的景如何搞？也要与其所在城区的整体景观相协调。只能形成整体景观美，而不能不协调。天宁寺立交桥的旧城遗址搞好了，是一景吗？”创建“山水城市”一定要正确理解钱学森的“意境美、特色美、整体美”，对于创建“山水城市”的“方针、方法、方向”要把握住核心思想。不然我们又会像改革开放初期那样，每个城市都有“开发区”，每个开发区都空空荡荡。对于“山水城市”的发展方向，钱学森明确指出：“我们都是有几千年高度文明的中国人，怎么能丢了自己的文化传统。一味模仿洋人的建筑，搞高层方盒子？我不懂建筑这门学问，但心里总怀着这个问题，也总念念不忘梁思成教授！有没有去路？当然要下气力研究中国的传统建筑文化。但这还不够，还应该把中国建筑风格融入中国的现代建筑中去。我近年一直宣传我们中国人贝聿铭先生和他创作的北京香山饭店。香山饭店是现代的，但又全是苏州园林的风味！我也从中悟出一个理想，即‘山水城市’。这是出路吗？”“山水城市”就是一个系统工程，包括城市学、建筑学、园林学、社会科学、自然科学、文学和美学。没有很好地掌握这样系统的科学很难理解钱学森的“整体美”内涵。为了防止把“山水城市”这一词用烂，他特别建议我国创建“山水城市”分几步走：“把城市建设分为四级：一级，一般城市，现存的；二级，园林城市，已有样板；三级，山水园林城市，在设计中；四级，山水城市，在议论。”作为我国著名的科学家，“两弹一星”功勋卓著的思想家，他的思想和智慧都像他在新中国成立初期制定“十二年科学规划”一样，具有预见性和超前性。这是我国的荣幸，这是我们这一代人的荣幸，这是我们城市规划设计师的荣幸，“山水城市”为我国经济社会发展指明了方向，为我国伟大的民族复兴指出了一条永续发展的道路！在浩瀚的宇宙中，那颗“钱学森”星将永远照耀着我们。

“山水城市”的创建并不是一蹴而就的，需要我们下功夫去研究，深刻理解钱学森的山水城市科学思想，一代一代接力去干，朝着城市建设的终极目标赓续努力。钱学森和夫人蒋英、堂妹钱学敏教授在晚年一直关心着“山水城市”的创建工作，（图1-5）他们用书信的方式与众多专家学者交流。孟兆祯院士在纪念钱学森诞辰100周年大会上的发言讲得非常深刻，他说：“从我们现在的城市来说，名目繁多，都是由各个部戴上去的，比如说林业局管的就是绿城或者森林城市，住房和城乡建设部管理的叫作生态园林城市，属于环境部管的就是人居环境城市，可以说是名目繁多，但是并没有找到一个终极的城市目标，我觉得钱学森先生提出来的建设‘山水城市’是城市的终极目标。”我们要实现城市建设的终极目标，就得理解和掌握钱学森“山水城市”科学思想，因为它是指导我们科学地去创建山水城市的依据。

□ 图1-5 钱学森和夫人蒋英、堂妹钱学敏教授（1997年3月顾吉环拍摄）

# 第2章 山水城市 山水文化

“山以水为血脉，以草木为毛发，以烟云为神采，故山得水而活，得草木而华，得烟云而秀媚。水以山为面，以亭榭为眉目，以渔钓为精神，故水得山而媚。”这是宋代郭熙在《林泉高致》中描述中国文人山水画而总结的一条画理。山水画在宋朝达到一个创作高峰。董源、巨然、李成、范宽、郭熙、米芾等一大批山水画大家把中国的山水画带进了“青山不墨千秋画，绿水无弦万古琴”，师法自然，而又高于自然的天地。许慎在《说文解字》中解释“文化”二字时说：“文、错画也，化、教行也，错、金涂也”。色彩斑斓为金涂。这就说明文化在中华文明史上，是通过教化而创作的灿烂文明。山水本身并不是文化。山水文化是通过人们感悟、创作出的智慧结晶。就像宋朝的赵佶、董源、巨然、李成、范宽、郭熙、米芾一批山水画大家将中国的山水文化指向“智者乐水，仁者乐山，智者动，仁者静，智者乐，仁者寿”的山水哲理。这里的山、水并不是指具体的山水，而是借用山的自然属性——滋养万物，乐于付出的品德；引用水的天然特性——川流不息，滋润生灵而不求回报的品格。什么是智者？孔子说“务民之义，敬鬼神而远之，可谓智矣”。能够致力于提倡百姓的仁德，对鬼神敬而远之，就是智者。什么是仁者？孔子讲“仁者先难而后获，可谓仁矣”。仁者先做难做的事，在别人后面享受成果，就是仁者。智者要建立在高尚的道德基础之上。人的思想修养要具备这样的仁德，才能称之为智者、仁者。山水文化的核心就是先要健心，做个心怀仁术的智者。

仁者是有良好的精神面貌的，在任何时候都能调控自身的思想情绪，适应不断变化的客观环境。智者要像流水一样悠然安详，仁者要像高山一样崇高伟岸。“青山行不尽，绿水去何长。”“滚滚长江东逝水，浪花淘尽英雄。”这是对山水文化的高度概括——智者乐水的自信，仁者乐山的泰然。刘禹锡的《陋室铭》开篇就讲：“山不在高，有仙则名。水不在深，有龙则灵。”这山里的仙，水中的龙，是中华文明几千年所形成的特有山水文化。人们把精神寄托在仙山、灵水，因为山水给予人们太多的恩赐，而山水从没有索取回报。山就是只有奉献没有索取的智者，水就是只知道滋养而不要回报的仁者。这样的山水文化一直影响着中华民族创世、立世。李思训的金碧山水画最能反映中国山水文化的哲理（图2-1）。

清朝的石涛认为：“山之蒙养也以仁，山之纵横也以动，山之潜伏也以静……山之虚灵也以智”山有无私奉献养育万物的仁德，山脉横看成岭侧成峰表现出山的动势，山脉的潜伏状态表现山的安静，山的虚灵表现出山的智慧。山水的特性是中华民族文化形成、发展和复兴的命脉，山水文化的发展也一直影响着华夏文化，几千年来绵延不断。“汪洋广泽也以德，卑下循礼也以义，潮汐不息也以道……折旋朝东也以志。”水对万物的滋养表现的是仁德，水往低处流表现的是仁义，潮起潮落表现的是仁道，曲曲折折向东流表现的是意志。所以老子说：“上善若水，水善利万物而不争，处众人之所恶，故几于道。居善地，心善渊，与善仁，言善信，政善治，事善能，动善时。”高尚有修养的人如同水一样，善于滋养万物而不与之相争，汇聚到人们所厌恶的低洼之处，就接近于道，高尚的人在低洼处，心胸保持着宁静深邃，与人交往善于真诚友爱，言行善于恪守信用，为政善于精简治理，处事善于发挥自己的才能，行动善于把握时机，有与世无争的美德，这样的智者才没有任何怨恨。中

□ 图2-1　金碧山水 江帆楼阁图　唐　李思训　绢本设色　“台北故宫博物院”藏101.9cm×54.7cm（引自宋·郭熙《林泉高致》）

钱学森在1993年2月27日召开的“山水城市讨论会”上讲：“为什么不能把中国古代园林建筑的手法借鉴过来，让高楼也有台阶，中间布置些高层露天树木花卉？这也是苏扬一家一户园林构筑的扩大，皇家园林的提高。中国唐代李思训的金碧山水就要实现了！这样的山水城市将在社会主义中国建起来！”

国文化中的君子就具备这样的美德。我们常说宰相肚里能撑船，指的就是这样的仁者。大肚能容，容天下难容之事。这样的美德，这样的修养是高尚之人一生修行的目标。智者认为“水唯能下方成海，山不矜高自及天”。山水文化是儒家文化形成的思想根基，借山抒怀、临水抒情是中华民族文化的传统。探究山的目的不在山，在乎其静，山能蒙养万物而不索取。探究水的目的不在水，在乎其动，水能滋养众生而不求回报。仁者认为：“非山之任，不足以见天下之广。”没有山无私的赋予，就见不到天下之广袤。“非水之任，不足以见天下之大。”没有水的无私给予，不足以见到天下的广大。对山水文化的感悟，充分反映了中国山水文化的哲理和内涵。山水文化正是以人道为核心的。人法地，地法天，天法道，道法自然。人的自然化和自然化的人是儒家文化所追寻的目标。中国的山水文化秉持着天人合一的自然观。这种人文精神渗透着浓厚的人道。老子讲：“道大，天大，地大，人亦大，域中有四大，而人居其一焉。”入世的修道，出世的行道。如何修道，如何行道。人要效法大地，只知赋予，不求索取。道即自然，自然即道，自然而然就是道。中国古代是一个有着几千年历史的农业社会，在这个自给自足的自然经济社会里，人们产生靠天吃饭、求神保佑的思想是非常自然的，这种思想意识潜移默化地影响着人们去崇拜山神、敬仰水仙。崇拜山水的目的是希望山水能够给人们带来幸福生活，敬仰山水的目的是希望山水能给人们带来福祉安康。唐朝的王维讲：“肇自然之性，成造化之功。或咫尺之图，写千里之景。东西南北，宛尔目前；春夏秋冬，生于笔下。”这是王维在画山水画时感悟的哲理，用咫尺之图描绘自然的奥秘，将东南西北的风景，春夏秋冬的更替，表现得入情入理，自然的法则是无法抗拒的，必须尊重自然，敬畏自然，崇拜自然，因为山水带给人们的恩惠比山高、比海深。郭熙的山村图是自然山水画的杰作（图2-2）。

□ 图2-2 山村图 北宋 郭熙 绢本设色 南京大学藏 109.8cm×54.2cm
（引自宋·郭熙《林泉高致》）

在生产力低下，缺乏科学知识又无法了解自然世界的古代社会，人们相信人类的命运掌握在天上，上天受命山神水仙来控制人类。据传成书于西周时期的《周易》就是一部占卜的经书。最初人们在龟甲或兽骨上钻个孔，在孔旁边开一道槽，象形个卜字。如遇到战争能否开战，天会不会下雨，从事活动能不能搞。将钻好孔和开好槽的龟甲或兽骨放在火上烧。而后看其裂纹走向确定从事活动的吉与凶。到春秋时期孔子将《周易》的卦爻辞编纂成《文言》,《象传》上、下,《象传》上、下,《系辞》上、下,《说卦传》,《序卦传》,《杂卦传》共十篇，又称《十翼》。孔子编纂传文后,《周易》才真正成为我国的一部经典哲学著作。《文言》是专门阐释乾、坤两卦的传文。在坤卦《象传》里讲："地势坤，君子以厚德载物。"在《文言》里讲："积善之家，必有余庆；积不善之家，必有余殃。"《说卦》论述八卦的象征：八卦的卦名，八卦的取象，八卦的卦德与自然界现象相对。八卦的卦名：乾、坤、震、巽、坎、离、艮、兑。八卦的取象：天、地、雷、风、水、火、山、泽。八卦的卦德：健、顺、动、入、陷、丽、止、说。八卦的卦名、取象和卦德与季节、方位、人体、亲族、色彩等许多事物相联系，使《周易》有了更广泛和丰富的联想和新象。历代统治者都把《周易》作为统治阶级的工具。如乾卦的取象是天，卦德是健。君、父从天的尊位引出，金、玉从天的尊贵引出，良马从天的刚健引出。这些本象、新象在推衍联系中，我们可以清楚地了解中国山水文化中的宇宙、社会、人共出一源，天人合一的哲学观是中国山水文化的根基。

曹雪芹在《红楼梦》中用禅意的诗句来诠释中国山水文化中的人生哲理，非常耐人寻味："世人都晓神仙好，唯有功名忘不了，古今将相今何在，荒冢一堆草没了。世人都晓神仙好，只有金银忘不了，终朝只恨聚无多，及到多时眼闭了。世人都晓神仙好，只有娇妻忘不了，君生日日说恩情，君死又随人去了。世人都晓神仙好，只有儿孙忘不了，痴心父母古来多，孝顺儿孙谁见了。”这里的神仙指的是智者，这里的智者指的是帝王将相。原来帝王将相也和普通百姓一样，人间的酸甜苦辣，人生的喜怒哀乐他们也都有，他们并不是超凡脱俗的神仙。原来中国人敬仰的神仙也是凡夫俗子，所以曹雪芹总结说：“山水横拖千里外，楼台高建五云中。园修日月光辉里，景夺文章造化功。”中华民族几千年来受老子思想影响至深，崇拜神，敬仰智者；朝拜仙，尊重仁者。老子教我们：“虚其心，实其腹，弱其志，强其骨，常使民无知无欲。”无知无欲的人只能去崇拜神，去敬仰仙。中国的山水文化养育了中华民族，世界上只有中华民族文化绵延不断，中华民族生生不息。“天行健，君子以自强不息。地势坤，君子以厚德载物。”我们可以从以下几个文化内涵来诠释山水文化的厚重。

## 2.1 坤德文化

坤德就是《周易》里八卦的卦德，坤卦的卦德就是顺。大地有各种各样的地形地貌，地形虽然不顺，但地势顺。大地的气度厚实柔顺，所以《象传》说：“地势坤，君子以厚德载物。”君子应当以宽厚的胸怀和美德来承载万物。这里指的君子，我们可以从司马迁给任安的一封信中了解他们厚实的美德，认清智者所具备的品德。司马迁在给任安的信中说：“古者富贵而名磨灭，不可胜记，唯倜傥非常之人称焉。盖文王拘而演《周易》；仲尼厄而作《春秋》；屈原放逐，乃赋《离骚》；左丘失明，厥有《国语》；孙子膑脚，《兵法》修列；不韦迁蜀，世传《吕览》；韩非囚秦，《说难》《孤愤》；《诗》三百篇，大底圣贤发愤之所为作也。此人皆意有所郁结，不得通其道，故述往事、思来者。乃如左丘无目，孙子断足，终不可用，退而论书策以舒其愤，思垂空文以自见。……亦欲以究天人之际，通古今之变，成一家之言。草创未就，会遭此祸。惜其不成，是以就极刑而无愠色。仆诚以著此书，藏之名山，传之其人，通邑大都。则仆偿前辱之责，虽万被戮，岂有悔哉。然此可为智者道，难为俗人言也。”在中国历代富贵有钱的人，名字传承不下来，在人们心中磨灭，其人数不胜枚举。只有那些卓有成就的人才能著称于世。周文王被拘禁而编写《周易》，孔子受困窘迫而著《春秋》，屈原被放逐才写了《离骚》，左丘明双目失明编纂《国语》，孙膑被截去膝盖骨而忍痛编写《兵法》，吕不韦被贬谪蜀地后世才流传《吕氏春秋》，韩非被囚禁秦国写出《说难》《孤愤》;《诗》三百篇，大都是古代圣贤先哲在抒发愤懑而写作。人们感情有压抑郁结不解的情绪，不能实现其理想，所以记述过去的事情，让将来的人了解他们的意志。司马迁说:“究天人之际，通古今之变，成一家之言。”他就是想探求天道和人事间的关系，是天统治人还是人驾驭天。他贯通古往今来变化的历史脉络，成为自己一家之言的观点。告诫人们为真理而死，死得重如泰山。为世俗利益而死，死得轻如鸿毛。我们知道《周易》《春秋》《兵法》已经成为我国宝贵的文化遗产。《周易》是人类文明史中哲学中的哲学，经典中的经典。《史记》是中华民族史学的典范、中国文学史的楷模，是全民族受益，取之不尽、用之不竭精神财富，是实现中国梦、复兴中华的思想宝库。他们“述往事、思来者”的情怀，值得我们永远尊敬。他们才是有智者的胸怀，像山一样养育万物而不求索取，自身处在人生最低洼点，胸怀坦荡，意志坚强。有仁者的力度，像水一样滋润着华夏民族生生不息，发奋图强，励精图治。什么样的才是智者？什么样的才是仁者？怎样才能成为这样的君子？司马迁提出了五个条件:“修身者智之府也，爱施者仁之端也，取予者义之符也，耻辱者勇之决也，立名者行之极也。士有此五者，然后可以托于世，列于君子之林矣。”司马迁提出成为这样的君子的历史背景，是他深陷囹圄不能自已的遭遇，启迪后人们不忘历史，牢记初心，肩负使命：“人固有一死，或重于泰山，或轻于鸿毛。”这五个条件足以说明，一个人如何修身，是断定他智慧的凭证。一个人是否乐善好施，是评判他仁义的起点。一个人如何取舍，是体现他道义的标准。一个人如何面对耻辱，是断定他是否勇敢的准则。一个人建立怎样的名声，是他品行的终极目标。具备这五种品德，就是君子、志士、智者。孔子讲智者乐水，仁者乐山。这山的胸怀、水的大度与司马迁的君子条件默契地一致。我们从中可以看出中国山水文化的巨大魅力。米芾的《春山瑞松图》就有山水文化的影响力（图2-3）。

在司马迁的成长历程中，我们可以窥见他的智者的胸怀、君子的坦荡。他出身书香世家，38岁接任父亲太史令一职。47岁时因李陵事件被处以宫刑，出狱后任中书令。从表面上看是皇帝的近臣，实际近似宦官，为宫廷士大夫所轻贱。司马迁直言为李陵辩解。李陵奉命率5000士兵攻打匈奴，在无援兵的情况下浴血奋战，后因寡不敌众被俘，在朝廷上引起哗然。为平息朝廷非议，司马迁向皇帝直言陈述：“李陵是个守节操的不平凡之人，他侍奉父母讲孝道，与朋友交往守信用，遇到钱财很廉洁，取舍给予合乎礼仪，恭敬谦卑自甘人下，他奋不顾身赴国家之危难，他有国士的风度、智者的胸怀。他万死不顾一生，奔赴国家最需要的地方去。现在他被俘，朝廷那些只顾保全自己性命和妻儿利益的臣子们挑拨是非，夸大过错。我司马迁深感沉痛。何况李陵带领兵卒不足5000，深入敌后，打到单于的王庭，向强大的匈奴兵挑战。面对数倍于我的敌军，李陵率领将士连续作战10多天，杀伤敌军超过自己军队的人数，使敌人连救死扶伤都顾不上。匈奴首领十分震惊恐怖。匈奴征调全部军队

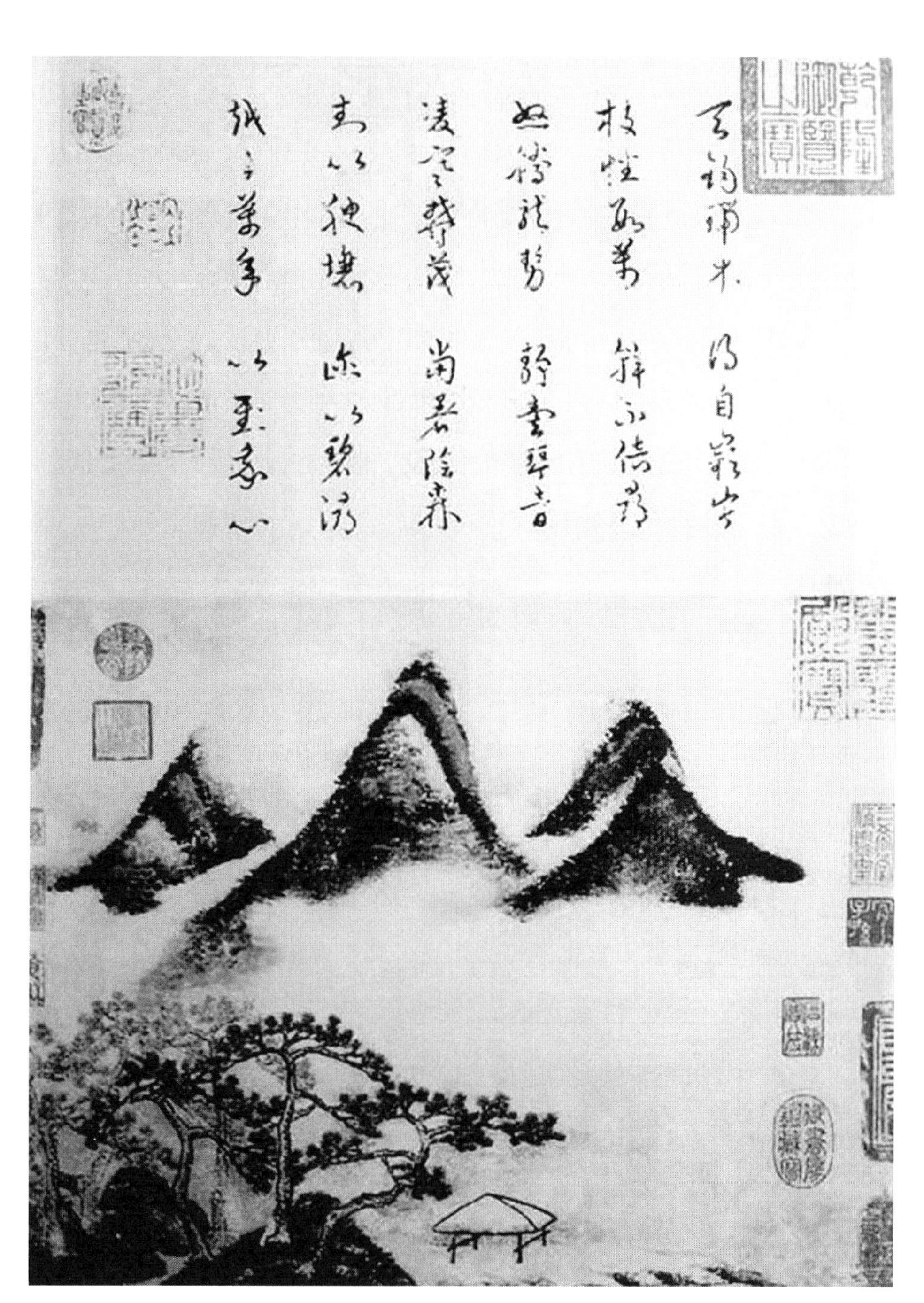

□ 图2-3　春山瑞松图　北宋　米芾绢本设色　“台北故宫博物院藏”35cm×44cm（引自 宋·郭熙《林泉高致》）

来攻打李陵。李陵转战千里，在救兵不到、士兵死伤过半的情况下，率领将士浴血奋战。在李陵军队还没有覆灭时，使者向朝廷报捷，公卿王侯还举杯向皇帝庆贺。几天后，李陵兵败，奏疏送到朝廷，皇帝为此饮食不甘，寝不能寐。见皇帝悲伤痛心，我就直言陈述李陵的为人，想不到我遭此横祸。腐刑是宫廷里最为侮辱性的刑罚，我要忍辱负重，鄙视世俗的轻贱，完成我毕生为之奋斗的目标。编纂《史记》叙述往事，思念来者，为后世子孙留下一部可以借鉴的史书，这就是智者伟大的胸怀。”司马迁是“地势坤，君子以厚德载物”的践行者。《史记》是他留给我们的绝世精神财富。他能在人生极其低谷的情况下，坚忍不拔，砥砺奋进，正是智者所具备的崇高品德，他的思想完全体现了坤德文化的精神。

## 2.2 格物文化

坤德是山水文化的理论基础，格物就是山水文化的思想根基。正确的理论来源于正确的思想指导。认识世界，求知于世界，研究世界万事万物的真理就是格物。《大学》是儒家文化思想的代表。其中提出的“三纲八目”：明德、亲民、止于至善为三纲，格物、致知、诚意、正心、修身、齐家、治国、平天下为八目。格物要把光明正大的道德弘扬于世。具备这样修养的人，一定要善于治理国家。要想善于治理国家，一定要先善于理家。要想善于理家，一定要善于修养品德。要善于修养品德，一定要先端正心态。要端正心态，一定要先意念真诚。要想意念真诚，一定要先求知。求知的方法在于认识世界，研究世界万事万物的道理，这就是格物致知。只有认识研究万事万物的道理后，才能求知成功。求知成功后，才会意念真诚。意念真诚后，才会心态端正。心态端正后，才会品德有修养。品德有修养后，才会善于理家。善于理家后，才会善于治国。善于治国后，才会天下太平。所以，儒家格物文化提出将“修身、齐家、治国、平天下”作为智者的指导思想。

在我国五代十国时期，吴越国创建者钱镠是儒家传统文化的捍卫者，他的治国安邦政策、修身齐家理念充分体现在他的家训里。钱镠的家训是一部修身、齐家、治国、平天下的教科书，山水文化的受益者。苏州、杭州是我国山水城市的典范，我们讲上有天堂下有苏杭，就是对苏杭的美誉。在钱镠统治时期，这样的天堂就形成了规模。在治理吴越时期，钱镠总结出的家训颇具儒家文化的特点，突出了建设山水城市的哲理。《钱氏家训》说：“心术不可得罪于天地，言行皆当无愧于圣贤。曾子之三省勿忘，程子之四箴宜佩。持躬不可不谨严，临财不可不廉介。处事不可不决断，存心不可不宽厚。尽前行者地步窄，向后看者眼界宽。花繁柳密处拨得开，方见手段；风狂雨急时立得定，才是脚跟。能改过则天地不怒，能安分则鬼神无权。读经传则根底深，看史鉴则议论伟，能文章则称述多，蓄道德则福报厚。”这里的“曾子之三省勿忘，程子之四箴宜佩”都来自儒家文化经典著作《论语》。曾子三省吾身的中心思想是：我每天多次自我反省，为别人办事是否尽心竭力了？与朋友交往是否做到诚实了？老师传给我的知识是否复习了？《钱氏家训》为什么把曾子三省和程子四箴放在家训的首位呢？我们看看《钱氏家训》的内容和钱氏家族后世子孙人才辈出，就不难理解钱氏家族受中国传统文化教育影响至深。孔子讲：“非礼勿视，非礼勿听，非礼勿言，非礼勿动。”这里视、听、言、动是程子的四箴。经宋朝理学家程颐解释，内容传承孔子思想体系，而且充实一些新的内涵。

视箴的意思：人心原本是空虚清静的，顺应事物的变化而不留痕迹。守住本心的要领，就是以看为原则。对事物一开始就看不清，内心就要迁移，本心就会受蒙蔽。不合乎礼的不要看，将其遏制于心外，使心得到安宁，约束克制自己，再做合乎礼的事情，久而久之心态就专一了。石涛在他的《画语录》中讲："太古无法，太朴不散，太朴一散而法立矣。法于何立，立于一画。一画者，众有之本，万象之根。"这是石涛在山水画创作中对大自然的感悟，从美学的角度观察自然、感悟自然、回归自然的一种哲学观。"搜尽奇峰打草稿"这是石涛留给后人的名言。从自己的独特感受出发，创作出能表达自己真实感情的画作，就是一画之法。这与视箴的思想一脉相承。可以说儒家文化的经典就是"山水画情、知行合一"，这是中国古典"天人合一"的自然哲学观，郭忠恕的《明皇避暑宫图》就是"山水画情、知行合一"的典范。（图2-4）

听箴的意思：人有善的秉性，本来是天生具备的，人心受到外物的诱惑，就会失去正确的判断，直觉就应该知道在哪里停止而定向。抵御抛弃邪念而保持心志专一，不合礼法的无稽之谈不要听。

言箴的意思：人心的动摇是从语言开始的，平息妄念，内心可以专注和宁静。说话是关键，一句话没说好，可能引起战争。语言能够引起战争，也能带来和平。吉凶荣辱往往是从一个人说的话所招致的。说话过于简单，就显得荒诞，别人听不懂你在说什么。说话过于繁杂，又显得支离破碎，别人不得要领。说话太放肆多半与事理相违背。说出违背天道的话，应对你的也是违背天道的话。不符合天道，不符合礼的话就不说，这是训教之言。

动箴的意思：圣贤们知道那些精妙玄奥的道理，因为他们有缜密深刻的思考。有志之士激励自己的行动，磨砺自己的意志，坚持原则，顺理而做，就会从容而宽裕。人如依从私欲，就会使自己面临危险。在颠沛流离之际，都要保持一份善念。做每一件事都要把持住自己，养成良好品行，习惯成自然，就

□ 图2-4　明皇避暑宫图　北宋　郭忠恕　绢本设色　日本大阪国立美术馆藏 161.5cm×105cm（引自 宋·郭熙《林泉高致》）

会步入圣贤殿堂。

五代十国时期，钱镠治理的吴越国就处于苏浙地区。苏杭这个时期的繁荣可以说对钱镠的家训有着非常重要的影响。我们从钱氏家族走出的历史人物就能读懂“心术不可得罪于天地，言行皆当无愧于圣贤”的山水文化内涵。

钱元璙，吴越国王的第六个儿子，任苏州刺史，治理苏州三十年，对苏州园林建设贡献巨大，后世称他为天堂苏州的奠基人。

钱惟演，吴越国忠懿王钱弘俶的第四个儿子，自幼饱读经书，晚年成为西昆学派的三大领袖之一。

钱福，明朝弘治年状元，授翰林院修撰，被誉为状元诗人，他的《明日歌》流传甚广。歌中唱到：明日复明日，明日何其多。我生待明日，万事成蹉跎。世人苦被明日累，春去秋来老将至。朝看水东流，暮看日西坠，百年明日能几何，请君听我明日歌。

钱陈群，清朝名儒，主编《大清会典》。

钱沣，清乾隆年进士，授江南道御史，史称铁面御史。

钱玄同，新文化运动先驱。钱穆，一代宗儒。钱钟书，风华绝代文学大师。钱学森，中国航天之父。钱伟长，中国力学之父。钱三强，中国原子弹之父。钱思亮，台湾著名教育家。钱其琛，中国外交部原部长。钱正英，全国政协原副主席，水利水电专家，等等。他们是中国文化和科技精英，他们是中华民族的脊梁。值得一提的是山水城市的提出，正是钱学森首先倡议的。从这一概念的内涵中可以看出钱氏家族的文化渊源和历史文脉。从钱氏家训中折射出中国儒家文化影响的力度，反映出山水文化的渗透力。可以看出如果没有儒家文化“上善若水和智者乐水”的熏陶，钱氏家族也不会养育出一代又一代的文化精英和科技精英。大师们为我国的科技和文化事业的发展和复兴起到了推波助澜的作用。所以，我们要想复兴中华，中国传统文化是根，山水文化是本，要创建山水城市我们决不能忘了根本。

## 2.3 明德文化

宋朝郭熙有首描写山水文化的诗："乱山无尽水无边，田舍渔家共一川。行遍江南识天巧，临窗开卷两茫然。"对于山水文化的感悟、感激、感恩，郭熙为什么要两茫然呢？中国从夏、商、周开始对山水文化的崇拜，已经从无意识到有意识，从无知到有识。从智者乐水，仁者乐山，到圣人之治；虚其心、实其腹、弱其志、强其骨，常使民无知无欲。在中国历史上从五代十国到宋朝是个动乱时期，人们的生活民不聊生。崇拜的山神也不能保佑他们平安幸福，敬畏的龙王也不能救助人们躲避灾难。难道人们崇拜的神仙不灵，敬畏的龙王失效。生活在这个时期的郭熙坐在窗前，望见眼前的"乱山无尽水无边，田舍渔家共一川"的桃花源，他怎么能不两茫然呢！山水文化毕竟不是政治文明。宋朝理学家程颢、程颐将中国的山水文化又推进一步。他们进一步阐释儒家文化的核心，推崇孔子思想。他们认为《大学》的宗旨在于弘扬光明正大的道德，让人们弃旧迎新，不断完善道德，使人们有一种道德行为规范。知道自己应该达到什么境界，目标既定，就要坚持不懈地向目标迈进。人生的目标定了，人就会冷静，冷静了人就会安心，安心了人就会考虑周到，考虑周到了人就会有所得。世上万事万物都有本有末、有始有终，明白了事物的本末和事情的始终，就接近事物发展的规律了。懂得这些规律就是明德文化，明德的感悟来源于山水文化。所以在《礼记·大学》开篇就讲："大学之道，在明明德，在亲民，在止于至善。"人本身就是一个善物，明德善道。宋朝编的《三字经》

开篇语就是“人之初，性本善”。人的本性是善，那为什么中国传统文化一直宣传明德、善道呢？儒家思想宣扬要把光明正大的道德弘扬于世的人，一定要善于治国。要想善于治国，一定要善于理家。要想善于理家，一定要善于修养品德。要想善于修养品德，一定要先端正心态。要想端正心态，一定要先意念真诚。要想意念真诚，一定要先求知。求知在于认识万事万物的道理，也就是事物的规律。我们现在可以看出，儒家文化就是要人们把修养品德作为根本。根本如果乱了，一切都是空谈，更谈不上修身、齐家、治国、平天下。所以，明德才能治国，修身才能理家，治国才能平天下。我们现在倡导的社会主义核心价值观“富强、民主、文明、和谐，自由、平等、公正、法制，爱国、敬业、诚信、友善”，这里的公民的价值观“爱国、敬业、诚信、友善”，就是告诫人们怎样去修身立德。做一个爱国敬业的好公民，踏踏实实学一身真本领，脚踏实地地做好本职工作，你才有能力和有资本为人们服务。汉朝的“文景之治”使国家繁荣昌盛，也是中国古代历史上的安定平稳时期之一。而促进这一安定平稳局面的推动力不是经济，也不是军事，而是人们深知的明德善道思想。我们来分析一下汉文帝刘恒与南越王赵佗的一封信，就能看出他们是“内圣外王”的智者，山水文化的仁者（图2-5）。

汉文帝刘恒即位当皇帝时，正是刘邦死后，吕后篡权，搞得汉朝内忧外患。内忧的是吕后利用权力用莫须有的罪名加害忠臣良将，刘邦的儿子也大多难逃厄运。吕后一死，刘恒即位。这时北方的匈奴正虎视眈眈地南侵中原。南方的赵佗经营岭南地区自称为王，吕后一死，他自认为他最有资格即皇帝位，所以，在南方他自称皇帝。刘恒继承皇帝位后，对于这样的内忧外患，怎么实施他的宏韬大略他首先想到的就是黄老之术，内刚外柔。

赵佗是和刘邦一起打天下的功臣，在岭南这块蛮荒之地经营了几十年，

□ 图2-5　山居图　北宋　巨然　绢本水墨　日本阪斋藤氏董藏67.5cm×40.5cm（引自 宋·郭熙《林泉高致》）

自称为南越王。汉文帝刘恒深知赵佗的文韬武略，不敢轻易刀兵相见。便亲自写一封信，派刘邦时期的功臣，也是赵佗的朋友陆贾亲自送去，信中说：

“皇帝谨问南越王甚苦心劳意，朕，高皇帝侧室之子，弃外奉北藩于代，道里辽远，壅蔽朴愚，未尝致信。高皇帝弃群臣，孝惠皇帝即世，高后自临事，不幸有疾，日进不衰，以故悖暴乎治。诸吕为变故乱法，不能独制。乃取他姓子为孝惠皇帝嗣。赖宗庙之灵，功臣之力，诛之已毕。朕以王侯吏不释之故，不得不立，今即位。

“乃者闻王遗将军隆虑侯书，求亲昆弟，请罢长沙两将军。朕以王书，罢将军博阳侯；亲昆弟在真定者，已遣人存问，修治先人冢。

“前日闻王发兵于边，为寇灾不止。当其时，长沙苦之，南郡尤甚。虽王之国，庸独利乎？必多杀士卒，伤良将吏，寡人之妻，孤人之子，独人之父母。得一亡十，朕不忍为也。

“朕欲定地犬牙相入者，以问吏。吏曰：‘高皇帝所以介长沙土也。’朕不能擅变焉。吏曰：‘得王之地，不足以为大；得王之财，不足以为富；服岭以南，王自治之。’虽然王之号为帝。两帝并立，亡一乘之使以通其道，是争也。争而不让，仁者不为也。愿与王分弃前患，终今以来，通使如故。

“故使贾驰，谕告王朕意。王亦受之，毋为寇灾矣。上褚五十衣，中褚三十衣，遗王，愿王听乐娱忧，存问邻国。”

汉文帝刘恒给南越王赵佗的信，用内王外圣之道，充分展示了汉文帝刘恒山一样的胸怀，水一样的韧性。信开篇就讲你赵佗苦心经营岭南自称为王多“苦心劳意”呀！话锋一转又说：我刘恒只是刘邦小老婆所生的儿子，皇帝没有把我放在眼里，安排我到边疆做一个代王。我即位当皇帝后，才知道你给隆虑将军写过信，他把信已经给我。根据你的要求，已经把湖南一位守将罢免，把你的同宗兄弟和祖坟都已经保护好，我已经按你的要求把事情办妥。可你自称皇帝，发兵攻打湖南、江西，给人们带来了极大的痛苦。战争使家庭遭到破坏，孩子成了孤儿，父母无依无靠。像这样残酷的事我可不忍心去做。我知道你是与刘邦一起打天下的功臣，汉高祖刘邦把湖南以南的土地划给你管理。这是祖宗留下的制度，不能随意变。皇祖认定天下是刘家的天下。现在把你管理的土地收回来，但还是派你管理。可你自称皇帝，一个国家有两个皇帝那就乱了。从今天起，你就治理好你所管辖的地区，不要称帝作乱了。汉文帝刘恒派遣一位与刘邦一起打天下的功臣，也是赵佗的老朋友陆贾亲自送去这封信。赵佗见到陆贾，又看到汉文帝刘恒的亲笔信，便自行取消皇帝称号，并亲自给汉文帝刘恒写封回信：

"蛮夷大长老臣佗，昧死再拜上书皇帝陛下；老夫故越吏也，高皇帝赐臣佗玺，以为南越王，孝惠皇帝义不忍绝，所以赐老夫者甚厚。

"高后用事，别异蛮夷，出令曰：'毋与蛮越金铁、田器、马牛羊。即予，予牡，毋予牝。'老夫僻处，马牛羊齿已长，自以祭祀不修。有死罪，使内史籓、中尉高、御史平凡三辈上书谢罪，终不反。又风闻父母坟墓已坏削，兄弟宗族已诛论。吏相与议曰：'今内不得振与汉，外亡以自高异。'故更号为帝，自帝其国，非取有害于天下也。高皇帝闻之大怒，削南越之籍，使使不通。老夫窃疑长沙王谗臣，故发兵以伐其边。……老夫赴越四十九年，今抱孙焉。然夙兴夜寐，寝不安席；食不甘味，目不视靡曼之色，耳不听钟鼓之音者，以不得事汉也。今陛下幸哀怜，复故号，通使汉如故，老夫死骨不腐，改号不敢为帝也。"

赵佗看了汉文帝刘恒的信，马上写了回信。先称自己是南蛮一个小头目，年纪大了，向皇帝叩拜。不是我要谋反称帝，是你那位吕妈逼我这样做的，我罪该万死。我虽与你父亲刘邦一起打天下，管理两广地区四十九年，现已经是儿孙满堂。这把年纪还要训练军队，搞得寝食不安，这可都是你吕妈搞的。你看赵佗把责任都推到吕后身上。现在你刘恒皇帝这样通情达理，送来了这么多好东西，又怜悯我这个糟老头子，我痛改前非，绝不称帝。我们看看这一来一往的两封信，充斥着山水文化的厚德载物，表露出山水文化的自强不息。汉文帝刘恒是一位智者，乐水，有水一样的韧性，水到渠成。南越王赵佗是一位仁者，乐山，有山一样的伟岸，外圣内敛。两封书信是山与水的对话，是智与善的联姻，是文化与文明的融合。这真是一封书信消除了两人的隔阂，一封书信消弭了一场战争，为"文景之治"创造了客观环境。儒家文化的伟大功力就在于此。刘恒、赵佗都是在明明德，弘扬光明正大的道德，使一场人类战争消弭在修身、齐家、治国、平天下的山水文化之中。

## 2.4 仁德文化

2007年中央电视台《感动中国》节目对钱学森的颁奖词是："在他心里，国为重，家为轻，科学最重，名利最轻。五年归国路，十年两弹成。开创祖国航天，他是先行人，披荆斩棘，他把智慧锻造成阶梯，留给后来的攀登者。他是知识的宝藏，是科学的旗帜，是中华民族知识分子的典范。"知识界对钱学森的评价：他具有"秦松汉柏骨气，商彝周鼎精神"。这里的骨气、精神指的就是意态。那么山水文化的意态在哪里呢？山水一定要有文化内涵，文化一定要体现民族精神和骨气。这里的秦松汉柏骨气，就是钱学森的爱国思想意识，松柏本身是中华民族雪压松柏挺且直的象征，商彝周鼎精神就是钱学森严谨的科学态度。中国商周时代的青铜器是中华文明的结晶，彝鼎是青铜器的代表，它既是中华民族的象征，又是鼎立于世界民族之林的杰作。所以，这样的中华传统文化给我们树立了光辉的榜样。不管是自然科学，还是社会科学；不管是逻辑思维，还是形象思维；不管是客观世界，还是主观世界，我们首先要树立的就是民族精神。山水城市的创建如果缺失山水文化，那将不是山水城市。创建山水城市对我们规划建筑界、园林设计界提出了更高的要求。在构建城市的基本功能外，一定要了解山的智慧、水的涵养、人的需求、民族的文化、城市的象征。

曹操的《短歌行》最能说明仁德文化在人们思想意识中所起的决定作用："对酒当歌，人生几何。譬如朝露，去日苦多。"他对人生苦短惆怅，认识到人生不能借酒消愁，蹉跎岁月。借酒消愁只能愁上愁，人要确定人生目标为之奋斗。所以他认为："山不厌高，海不厌深。周公吐哺，天下归心。"人要有山的意志、海的胸怀，天下的贤士才能追随你而来，一统天下。这是中华传统文化的灵魂。创建山水城市的核心就是要定下明确的目标。我们可以从北京奥林匹克公园的规划设计理念中更深一步阐释山水城市的核心思想。"通往自然的轴线"是北京奥林匹克公园的主题思想（图2-6）。自然而然就是道，人法地，地法天，天法道，道法自然！所以，北京奥林匹克公园规划设计的主题就表现了山水城市的文化底蕴。我们来分析一下奥林匹克公园的设计理念，为创建山水城市更好地理解山水文化，把握其核心思想是非常有益的。

北京有着3000多年的建城史，自周朝建蓟以来，历代王朝都在此建立重镇，燕、辽、金、元、明、清都在此建都。北京是一个有着3000多年建城史，800多年建都史的历史文化名城，这在世界建城史上也是独一无二的。中华5000多年的文明史与北京3000多年的建城史，800多年的建都史，在北京城的中轴线上得到了充分展现。天坛、天安门广场、紫禁城、景山，北京奥林匹克公园就建在北京城这条中轴线的节点上。现代文明与传统文化怎么衔接，古典建筑与现代建筑怎么融合，摆在设计师眼前的课题就是准确地掌握这种中华传统文化。2008年北京奥运会的核心理念——绿色奥运、科技奥运、人文奥运，这就给奥林匹克公园设计提出了一个崭新的要求。既现代又传统，既绿色又环保，既人文又科技。胡洁老师带领北京清华同衡规划设计研究院的设计团队，提出了“智者乐水，仁者乐山”的设计思路。“师法自然，天人合一”的创作理念，智者乐水的泰然，仁者乐山的自信一直贯穿他们的设计思维。“通往自然的轴线”始终展示的是中国传统意态文化。怎么契合北京奥运会的绿色奥运、科技奥运、人文奥运，就必须掌握传统文化与现代文明的融合，自然生态与人文生态有机相会，这既考验了设计师的手法，也检验了设计师的文化功力。在理解钱学森山水城市科学思想深刻内涵上，中国科学院院士、中国工程院院士周干峙在《钱学森论山水城市》一书序言中讲得非常精彩:“钱老说的山水，不仅仅是讲自然界的山水，中国传统文化中‘山水’二字代表了我们的绘画的特点。中国绘画有很多种，但是山水画是最代表中国特点的。一提到山水画，我们脑子里都有一个具体的艺术形象。从历史、文化角度看，‘山水城市’很好地概括了我国的城市特色问题。”这里讲城市特色就是要继承中华传统文化，传统文化的突出特点就是城市的意境美。“通往自然的轴线”意境正契合了北京奥运会的主题——绿色奥运、科技奥运和人文奥运，集中反映了中国传统文化“人法地、地法天、天法道、道法自然”的“天人合一”哲学观。中国工程院院士孟兆祯教授在纪念钱学森诞辰100周年大会上讲得非常精彩:“山水诗和山水画都是以文学为基础的中华民族最根本的文化，从山水诗、山水画发展成了山水园林。所以钱学森先生提出把山水诗和山水画融入城市，建设山水城市，他是有根基的。”一个城市如果缺失了根基，那就在发展上失去了方向。山水城市概念的提出，也可以说为我们建设有中国特色的社会主义城市指明了一条光明大道。中国的山水画从唐朝李思训的金碧山水一直到后来的水墨山水、青绿山水都深刻画出了中国山水文化的内涵，尊重自然、写意自然、崇拜自然，最终是要了解自然，要做到“青山不墨千秋画，绿水无弦万古琴”。中国的山水画与诗结缘是从宋朝的苏东坡开始的，他提出诗画一家的观点，为后来山水画创作引导出了一个新天地。李成的《晴峦萧寺图》画出“青山不墨千秋”的意境（图2-6）。石涛认为：“凡写四时之景，风味不同，阴晴各异，审时度候为之。可知画即诗中意，诗非画里禅乎。”所以他在《石涛画语录》里提出，写春：“每同沙草发，长共水云连。”写夏：“树下地长荫，水边风最凉。”写秋：“寒城一以眺，平楚正苍然。”写冬：“路渺笔先到，池寒墨更圆。”石涛是中国古代诗书画一体的杰出代表。他非常推崇画里有诗，诗中有画，诗情画意是古代创造山水画的哲理。由此我们可以看出，钱学森提出“创建山水城市”的概念是有文化根基的。把中国的山水诗词、中国的古典园林建筑和中国山水画融合在一起，创立山水城市概念是一个伟大的创举。

山水是人类赖以生存的物质基础，山水文化是人类繁荣富强的精神定力。人类要保护好自然，也要利用好自然，“山水城市”就是我们城市建设发展的终极目标。我们要世代努力，久久为功。从中国画的发展史来看，隋朝展子虔的设色山水画，唐朝李思训的金碧山水画、王维的水墨山水画、王洽的泼墨山水画，南宋赵伯驹的青绿山水画，他们创作的山水画有一个共同的特点，画中山水都是理想中的自然。自然即是道，道即是自然，自然而然就是道。这也是中国山水文化的博大精深。钱学森提出的“山水城市”概念，是有中国传统历史文脉的。

龙是中华民族的图腾，在5000多年的文明史中，龙一直是华夏民族的象

□ 图2-6 晴峦萧寺图 北宋 李成 绢本淡设色 美国塔萨斯城纳尔逊美术馆藏111.4cm×56cm（引自 宋·郭熙《林泉高致》）

征。历代帝王都自诩为天子，天子即龙子。龙子统治天下是天意。中华5000多年的文明史就是在这种封建社会形态中生活、生长、生存、生生不息的。龙文化成了中华民族的形象大使。“通往自然的轴线”设计出中华龙脉文化，体现出“人法地、地法天、天法道、道法自然”的哲学观。山水城市、知行合一的自然观展示得非常自然，自然而然就是道(图2-7)。

我们在理解钱学森“山水城市”的文化内涵时，一定要了解中国山水画创作的原理。五代时期著名画家和理论家荆浩对此就有非常精彩的论述，他在《山水赋》中讲:“凡画山水，意在笔先。丈山尺树，寸马豆人，此其画法也。远人无目，远树无枝，远山无皴，隐隐如眉，远水无波，高与云齐，此其诀也。”在隋、唐、五代、宋时期，山水画创作达到高潮，特别是宋朝时山水画创作达到顶峰，而且出现了一批山水画理论大家。他们除总结山水画的画法外，还提出了很多非常有哲理的画理，对中国的山水文化的继承与发扬起到了推动作用。山水文化即是中国的传统国粹，对于我们创建“山水城市”是非常强的理论支撑。

胡洁老师率领设计团队，把奥林匹克公园的水系，设计出龙的形态，以展示中华民族再次腾飞。(图2-7)并与北京中轴线有机衔接起来。传统与现代，人文与科技，绿水与环保融合得天衣无缝。为突出奥林匹克公园的主题思想，设计师利用挖湖的土石堆成一座仰山，作为整个北京轴线的节点。仰山西南设计了“林泉高致”，这是利用宋代郭熙总结中国山水画富有哲理的名言。郭熙讲:“山以水为血脉，以草木为毛发，故山得水而活。水以山为面，以亭榭为眉目，故水得山而媚。”在仰山西南设计“林泉高致”溪涧瀑布叠翠。从设计意境来看，山得水而活，水得山而悦，有山有水，山水对话，山水相依，此乃仰山设计的一大杰作。

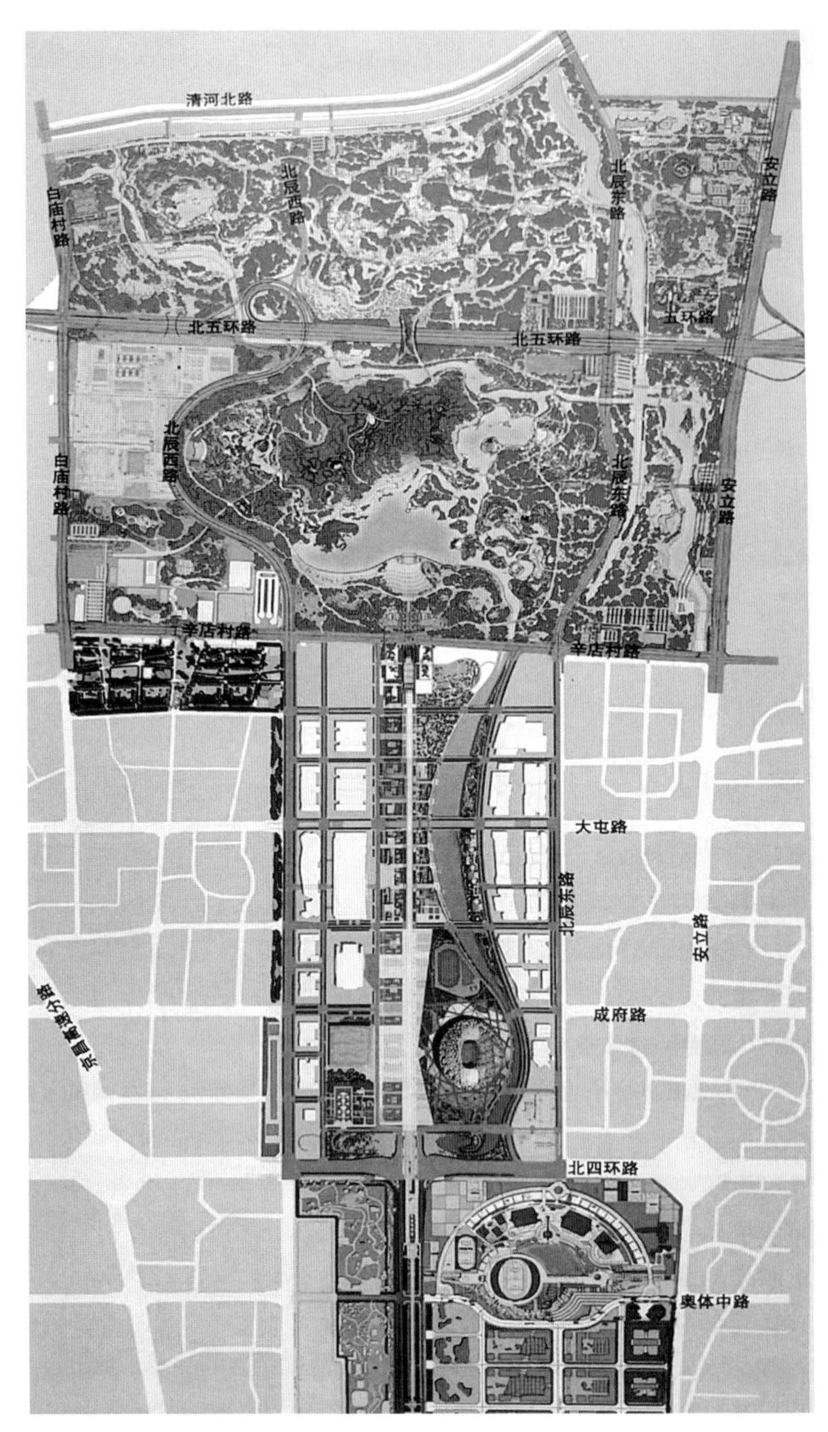


□ 图2-7 北京奥林匹克公园“通往自然的轴线”，2005年最终确定的奥运公园规划设计实施方案总平面图（引自 胡洁《山水城市梦想人居》，中国建筑工业出版社）

仁德文化是建设山水城市的思想根基，是山水文化的历史文脉。所以，它有鲜明的代表性。首先要有民族性，民族性越突出，世界性就越强。2008年奥林匹克公园设计在世界招投标，有21个国家100多家设计单位参加竞标。清华同衡规划设计研究院的“通往自然的轴线”方案一举中标，其理由就是有鲜明的民族性、严谨的科学性、突出的环保性。这三点足以说明钱学森倡导的“山水城市”理念有了坚实的理论基础。曹雪芹在《红楼梦》中有首诗最能说明北京奥林匹克公园设计的理念：“衔山抱水建来精，多少工夫筑始成。天上人间诸景备，芳园应赐大观名。”所以，北京奥林匹克公园就是当代的大观园，一定会流芳百世。

# 第3章 山水城市 山水古城

“有人说：爱上一座城，是因为城中住着某个喜欢的人。其实不然，爱上一座城，也许是城中的一道生动风景，为一段青梅往事，为一座熟悉的老宅，或许，仅仅为的只是这座城。就像爱上一个人，有时候不需要任何理由，没有前因，无关风月，只是爱了。”城市是人类文明的载体，建筑是人类文化的结晶。古城，记录着人类的兴衰史。建筑，雕刻着人类的幸福与忧愁。古城街道，南来北往的不只是商旅走的茶马古道。古城建筑，不只旅居过东奔西忙的丝绸客商。街道与商旅，建筑与古城是我们人类永远也磨灭不了的乡愁。1993年12月22日，钱学森在给中国建筑工业出版社的信中说：“北京的胡同更是我家居之所，所以对北京的旧建筑很习惯，从而产生感情。1955年在美国20年后重返旧游，觉得新北京作为社会主义新中国的国都，气象万千，的确令人振奋！但也慢慢感到旧城没有了，城楼昏鸦看不到了，也有所失。后来在中国科学院学部委员会议上遇见了梁思成教授，谈得很投机。对梁思成教授爬上旧城墙，抢在城墙拆除之前抱回块大城砖，我深有感触。中国古代的建筑文化不能丢啊！”一座城市如果没有文化，等于城市没有根基，像建在沙漠上的建筑，经不起风吹日晒。一座古城如果没有民族特色，就像一堆冰冷的石头，永远也不会引起人们的乡思。民族有文化，信仰才有目标。党的十九大提出“人民有信仰，民族有希望，国家有力量”。一座古城的兴衰，往往承载着一部民族的历史，一栋古建筑深深隽永着本民族的文化。

丽江古城承载着纳西族的兴衰史（图3-1）。它的“金生丽水、玉出昆岗”的丽质叙述着一部纳西族与多民族融合的话剧。它的“木府余韵、天雨流芳”的神韵记载着纳西族先辈维护祖国统一而建设自己家园的遗风。丽江纳西族的先辈木高有首诗鲜明地表达了纳西族人民与华夏民族血脉相承，文脉相继的意旨：“木氏渊源越汉来，先王百代祖为魁。金江不断流千古，玉岳尊崇接上台。官拜五朝扶圣主，世居三甸守规恢。扫苔梵墨分明见，七岁能文非等才。”

□ 图3-1 丽江古城玉龙雪山（作者摄）

冯友兰在他的《三松堂自序》中有一段对中国传统文化的精彩论述，对我们保护古城，继承传统文化，深刻理解钱学森山水城市的科学思想有指导意义。他说："中华民族的古老文化虽然已经过去了，但它也是将来中国新文化的一个来源。它不仅是过去的终点，也是将来的起点。将来中国的现代化成功，它将成为世界上最古老也是最新的国家。这也增强了我的'旧邦新命'的信心。新旧结合，旧的就有了新的生命力，就不是博物院中陈列的样品了。新的也就具有了中国自己的民族特色。新旧相续，源远流长，使古老的中华民族文化放出新的光彩。"（图3-2）

□ 图3-2 20世纪20年代纳西族人（引自约瑟夫·洛克《中国西南古纳西王国》，云南美术出版社）

我们研究丽江古城的目的就是使中华民族古老文化绽放出新的光彩，使钱学森山水城市科学思想更加深入人心。不要使一座山水古城变成一座死气沉沉的陈列品。山水古城的山水文化，使我们在继承传统山水文化的同时，创造出新的山水理念，这是我们研究山水古城文化的最终目的。我们要感谢冯友兰大师给我们指明了研究古老民族文化的指导思想。我们会沿着这个思路去探讨钱学森山水城市的科学思想。

丽江古城始于汉唐，兴盛于明洪武年。据《古今图书集成》记载："土官木得建造丽江府署在大研里西隅，黄山东麓，管理夷民，征解钱粮。"明洪武十五年（1381），明朝军队南下，丽江纳西土司21世祖阿甲阿得率众归顺，参与明军平叛有功。据《皇明恩纶录》赐阿甲阿得木姓圣旨记载："皇帝圣旨：朕荷上天眷佑，海岳效灵，祖宗积德。自即位以来，十有五载，寰宇全归于版图，西南诸夷，为云南梁王所惑，恃其险远，弗从声教。特遣征南将军颍川侯傅友德，副将军永昌侯蓝玉，西平侯沐英等率甲士三十万，马步并进，征彼不庭。大军既临，蘖魁以获。尔丽江官阿得，率众先归，为夷风望，足见摅诚！且朕念前遣使奉表，智略可嘉。今命尔木姓，从总兵官傅拟授职。建功于兹有光，永永勿忘，慎之慎之。"授阿甲阿得世袭土司，赐木姓，这是明朝开国皇帝朱元璋亲授意旨。这时，木得在丽江大兴土木建造丽江军民府署衙署。后经历代土司相继营建，到明末期，土司衙署具有富丽堂皇的宫廷气派。据明崇祯十一年（1638），徐霞客游丽江时记载，这时的土司衙署有"宫室之丽，拟于王者"。土司衙署的构建，采用堪舆的理论，讲究风水布局。土司衙署建在丽江古城西南隅。北靠狮子山意寓"玄武"，左有金虹山意寓"青龙"，右有白马龙潭意寓"白虎"，前有坝子平川，远处有震青山意寓"朱雀"。丽江虽处在中国西南偏远一隅，但它的土司衙署的建筑风格完全采用中原汉文化建筑布局，看地望，采避讳。土司衙署的建造对丽江古城的兴盛起到了推波助澜的作用，使丽江古城逐步形成既有纳西族的建造风格，又有丰富的中原汉文化的精彩。丽江古城在中国建筑史上之所以成为经典，就是它吸纳了多民族文化的精髓。木得在创建丽江军民府衙署时，从其中一座建筑——万卷楼——就能看出木得土司的胸怀。据《木府血脉》一书记载，万卷楼藏书经、史、子、集四库全书大体具备。《四库全书》是清朝乾隆皇帝主持下编纂的大型丛书，乾隆下令手抄七部，分别藏于紫禁城的文渊阁、沈阳的文溯阁、圆明园的文源阁、承德的文津阁、扬州的文汇阁、镇江的文宗阁和杭州的文澜阁。《四库全书》可以说是中国古代最大的文化工程之一，对中国的传统文化的继承和发扬起到了重要作用，可见丽江土司对中国传统文化的高度重视。万卷楼也是中华多民族文化融合统一的历史典范（图3-3）。

万卷楼藏书包括但不限于：

《论语》《孟子》《荀子》《春秋后语》《诗经》《庄子》《老子》《淮南子》《抱朴子》《列子》《礼记》《易经》《吕氏春秋》《朱子语录》《尚书注》等。

《山海经》《水经注》《说文解字》《尔雅》《论衡》《世说新语》《梦溪笔谈》《神农本草》《考工记》等。

《春秋》《左传》《史记》《汉书》《三国志》《晋书》《南齐书》《南史》《魏书》《北齐书》《北史》《隋书》《唐书》《五代史》《宋史》《通鉴》《人物志》等。

《华严》《法华》《般若》《金刚三味经》《大庄严法门经》《弥勒成佛经》《显性论》《显宗论》《道经》等。

从万卷楼藏书就能看出丽江历代土司对中华民族文化的重视。据《木府血脉》一书记载："万卷楼建于明嘉靖九年（1530），木氏勋祠于嘉靖七年（1528）建成之后，即开始策划建造万卷楼。建楼所用木料、石料十分讲究，石脚基

□ 图3-3　丽江古城木府万卷楼（作者摄）

础用条石砌成，木料粗实，柱脚均为汉白玉莲花底座，其结构为殿宇三层楼。窗梁门的雕绘古朴雅致，色彩鲜艳。其仿照中原殿宇风格，楼房四周均有汉白玉栏杆，整座楼宇高冲云霄，显得富丽雄伟。一楼为木府子弟学习诗文的书室，其二、三楼为木府藏书的书库，所设书架高达六层，图书排列有序。”

中华文化源远流长，中国建筑博大精深，中国丽江古城建筑经典荟萃。它融汇了多民族文化的精华，在中华多民族大融汇中发挥了重要的历史作用。它在纳西族的历史长河中持续不断地发挥着影响力，也在中华多民族融合典范的丽江古城中持续不断地发挥着历史价值。这就是丽江古城成为经典的历史原因，我们研究丽江古城的历史价值也在于此。

历代丽江土司对中央政府的尊敬和历代帝王对丽江土司的信任，使丽江纳西族不断地塑造着自己的民族文化精神。三多神就是纳西族的保护神，相传她是玉龙雪山的化身。玉龙雪山在丽江纳西族人民心中是一座神山。她那洁白如玉的身躯雍容神秘，她那虚无缥缈的面纱变幻莫测，她那乳汁般的雪水滋养着纳西儿女。现坐落在丽江城北13千米白沙乡村的北岳庙供奉着三多神。据考证北岳庙建于唐大历十四年（779），现为云南省重点文物保护单位（图3-4）。

交流是丰富民族文化的手段，我们越深入地了解丽江古城，越被它的博大精深文化所折服。我们要遵循冯友兰大师的思想，对丽江古城的历史认识只是一个起点，对丽江古城的开发保护又是一个起点，我们要新旧相续，使丽江古城放出新的光彩。

□ 图3-4 北岳庙三多神雕像（引自 张俊《寻梦丽江》，中国旅游出版社）

## 3.1 丽江古城　金生丽水

丽江古城位于金沙江湾，金沙江古称为丽水。南北朝时期的史学家周兴嗣编纂的《千字文》提到“金生丽水、玉出昆冈”，丽水指的就是金沙江。隋唐时期的丽水因盛产黄金而名闻天下，昆仑山盛产宝玉而闻名遐迩。元朝在此设置丽江路，明朝设置丽江军民署，以管辖夷民，征解钱粮。丽江在纳西语里称为“依古堆”，意思是“金沙江转弯的地方”。

丽江位于云南省西北部，地处横断山脉，这里地势高低变化大，玉龙雪山主峰扇子陡海拔5596米，常年积雪。金沙江在这里来个大转弯。江水、雪水将此处冲积成一个丽江坝子，坝子在丽江纳西语里是平川之意。玉龙雪山是丽江纳西族人民心中的神山。雪山融化的雪水汇入黑龙潭（图3-5），由黑龙潭通过玉水河流向丽江古城，在玉水桥分为东河、中河和西河。水的走向构成丽江古城的架构，形成家家傍溪、户户垂柳、小巷临渠、溪水穿城的江南水乡诗韵。

丽江古城自然而古朴，古城建筑依山随势，古城街道傍水而铺，古城河流清澈静谧。丽江古城海拔2400米，位于北纬99'23'，东经25'59'之间。北靠象山、金虹山，西靠狮子山，东南方向是辽阔的平川。在冬季，西北寒流被高山挡住，春季的东风徐徐吹来，百花争艳，一派生机盎然。夏季东南湿润的季风一路畅通，使古城在炎热的夏季凉爽宜人。丽江古城虽地处高原，背靠雪山，这里却是冬无严寒，夏无酷暑，春秋相连，四季温和。纳西族祖先一路游牧，最终选择丽江作为他们的居住地。丽江古城在元、明两朝为通安州的州府衙署所在地，明初丽江古城已经有相当的规模。这里的自然条件和地理环境是

□ 图3-5 玉龙雪山脚下的黑龙潭（作者摄）

吸引纳西族安家创业的条件，我们从纳西族的一首民歌中就能窥探一般。歌中唱道："在天地之间，柏神出现在中央，生长在高岩的柏树，是天和人的舅父。四周由柏树来围绕，青天才变得不摇晃。葱绿的柏树长出千万个枝丫，人类的福泽才会千年永驻。"这首民歌表现了人类对大自然的崇拜，也表达了祈福自然保佑人类幸福快乐的美好愿景。松柏在中华民族的精神里就是幸福长寿的象征，在中原汉民族文化里"松鹤延年""松柏之寿""岁寒松柏""松柏之志""苍松翠柏"等，都反映了人们对松柏的敬畏和崇拜。在丽江古城这样边远的地区，纳西族同样崇拜松柏，说明纳西族就是中华民族的一部分，都是同根同祖的。在北京天坛和颐和园，特别是天坛公园，遍植柏树，这是历代皇帝祭天的圣殿，种植柏树是对天的敬畏。明初在建造丽江木府时也广植柏树，这也是纳西族人民对天的敬畏。敬畏的目的是希望纳西族人民幸福千年永驻。丽江古城的修建与丽江古城木府建构是分不开的，没有丽江古城也不会有木府，没有木府也不会有丽江古城的繁荣与发展。从木府的建构上可以反映出丽江土司的权威和地位。我们常说北有紫禁城，南有丽江木府。这也可以从徐霞客游记里看出丽江木府的豪华。徐弘祖在《徐霞客游记》中记载“闻其内楼阁极盛，多僭制”。丽江古城木府的“议事厅”是土司议政之殿，“光碧楼”是木府后花园门楼，“忠义坊”忠义二字是明朝皇帝赐给丽江土司的圣旨，“万卷楼”是土司的藏书楼和学习的地方，“玉音楼”是接圣旨和歌舞宴会之地，“三清殿”是土司推崇道家的建筑，在中原三清殿是道教最高殿堂，堂中供奉着道教最高神尊：玉清元始天尊、上清灵宝天尊和太清道德天尊即太上老君，故称三清殿，护法殿是土司家族议政家事之殿，“皈依堂”建筑群皆是明朝时期的古代建筑，古城占地约1.5平方千米，占地不大，却有山有水。玉龙雪山为丽江古城提供了充足的水源。玉水河随山就势流到玉水河桥，水分为东、中、西三条水系（图3-6～图3-8）。古城道路随着水系曲直而布置，古城的建筑跟着地势的高低而组合。纳西族的“三坊一照壁、四合五井天”的院落，就是根据古城多变的地形而创建的民族建筑。

丽江古城的“三坊一照壁”“四合五井天”建筑模式是与这里的自然条件分不开的。这里三面环山，一面平川坝子，玉龙雪山挡住北边寒冷干燥的气候，而在春夏季节东南季风带来湿润气候使丽江古城春秋相连，冬无寒冷四季如春。这里位于金沙江和澜沧江之间，地形变化多端，而“三坊一照壁”和“四合五井天”的建筑模式可以随着地形变换多样。丽江古城的居民多数以家庭为主构建一座院落。丽江古城的建筑既是纳西族的建筑形式，也吸收了北方四合

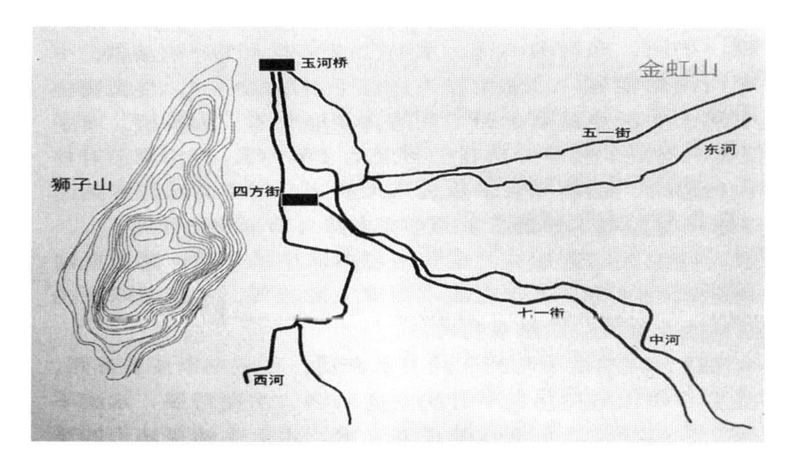


□ 图3-6 丽江古城水系图（引自 王鲁民、吕诗佳《建构丽江》，生活·读书·新知三联书店）

□ 图3-7 丽江古城木府前的忠义坊（作者摄）

□ 图3-8 穿丽江古城而过的玉水河（作者摄）

院的特点，古朴而不古板，简约而不简单，充分体现了纳西族人民的智慧和才干（图3-9、图3-10）。丽江主要街道新华街就是依据西河的曲直而筑，丽江人也叫这里“洋人街”，这里水流清澈见底，路随水弯，水并路流，水面不宽，潺潺有韵，小桥不大，古朴典雅，两旁建筑随波逐流，建筑风格独具纳西族特色，典雅而不俗，简约而不简单。如果说这里是江南水乡，没有人会怀疑。我们认识丽江就是从这里了解丽江古城的，它并不彰显一个民族有多么伟大，而是凸显一个有文化民族的深厚文化底蕴。山水城市的建设也是要彰显一个城市本民族的文化底蕴、民族情感、民族特色、城市性格、城市风格、城市品格、生态文化、文态环境和人文素养。我们研究山水古城的核心是要了解城市的品

图3-9　1931年的忠义坊（引自约瑟夫·洛克《中国西南古纳西王国》，云南美术出版社）

□ 图3-10　丽江古城四方街纳西族妇女载歌载舞迎接四方游客（作者摄）

格、城市的性格和城市风格。这也是创建山水城市的核心部分，钱学森创建山水城市的核心内容也是突出城市的特色和可持续发展的。丽江古城的风格、性格和品格是我们创建山水城市所需要的内涵。丽江古城的性格是先天形成的，它的自然环境和人文环境和谐共生给我们提出了更高的要求。丽江古城的风格反映在古城具有民族特色建筑上，它是纳西族和多民族文化交相辉映的写照。丽江古城的品格是后天形成的，它由城市的性格和风格反映出来，其特点是反映城市的民族文化、城市特色。丽江古城为我们创建山水城市提出既要有城市的性格，又要有城市的风格，更要突出城市的品格，因为这最能反映创建山水城市的目的，创建山水城市的最终目的是让人们过上幸福、环保、美丽、安康的生活。我们知道城市的风格是由城市的建筑特点来决定的，城市的性格是由城市的自然环境和人文生态来确定的，城市的性格既能反映城市的风格，也能决定城市的品格发展方向。丽江古城从纳西族的建筑特色中就能看出她的品格，也能看出丽江古城的风格。丽江古城的建筑特色和建筑特点，为我们创建山水城市提供了一个活案例。冯友兰大师为我们创建山水城市指出了一个方向，值得我们深入地思考：“中华民族古老文化虽然已经过去了，但它也是将来中国新文化的一个来源，它不仅是过去的终点，也是将来的起点，将来中国的现代化成功，它将成为世界上最古老也是最新的国家。”山水城市的创建就是将中国古老的文化继承和发扬光大。

要了解丽江古城，先要了解古城的四方街。从社会学的角度来认知，人类的早期贸易、易物、物物交换要有个市场，人们在市场中进行贸易。四方街就是这样形成的。人们在四方街周围建起商铺，四方街就成了纳西族、藏族、普米族、白族和汉族等进行商品贸易的活动场所。丽江古城的构建也是随着四方街贸易的发展而扩展的，所以，丽江古城以四方街为中心向四方辐射几条街道，逐渐形成了现今的格局。丽江古城形成于明朝初年，鼎盛于清康乾时期，古城的发展是随着四方街的发展而扩建的。特别是丽江古城木府的修建，把丽江古城的建设推向了高潮。我们从洛克拍摄于1931年的照片中就能看出，这时的古城是热火朝天的，四方街人声鼎沸（图3-11）。四方街的繁荣对丽江古城的发展起到了推波助澜的作用，可以这么讲，没有四方街也就不会有丽江古城的现在。

四方街在纳西语里称作“芝滤古”，意思是街市的中心。四方街宽22米、长68米，面积约1500平方米，六条街道与之相连，形成一个辐射状。在明清时期，这里是滇西北最大的贸易市场。清乾隆时期编写的《丽江府志略》记述了四方街情景：“环市列肆，日中为市，名曰坐街，午聚酉散。无日不市，四方男妇皆来，商贾之贩中甸者，必止于此，以便雇脚转运。”1941年来到丽江的俄国人顾彼得，时任中国工业合作社协会丽江办事处主任，在丽江一住就是九年，他写的《被遗忘的王国》一书中记载了20世纪30年代四方街的情景：

图3-11 1931年的四方街（引自约瑟夫·洛克《中国西南古纳西王国》，云南美术出版社）

“一大早，几股由农民形成的人流，从远处村子出发，沿着五条街，十点钟后开始向古城集中。石头铺成的路上，马蹄声嘈杂，人声鼎沸，人群都拼命挤过去，抢占四方街广场的各‘启除’（纳西语：意为专卖某类东西的地段）最好位置。稍过中午，集市达到热火朝天的程度，人和牲口乱作一团，开了锅似的。约在下午3点钟后，集市到了高潮，然后开始回落。”四方街的集市与清乾隆时期《丽江府志略》记载的几乎一样。上午10点钟（午时）人群进入四方街，下午5点钟（酉时）集市开始回落。这时的四方街已经有五六百年的历史，依然保持着活跃，对丽江古城的发展不断注入活力（图3-12）。

图3-12 丽江古城天雨流芳牌楼（作者摄）

## 3.2 丽江古城　木府遗韵

要了解丽江古城，先得了解木府。因为没有丽江古城也不可能有丽江木府；没有丽江木府，丽江古城也不会得到空前的发展。我们从丽江木府中明朝皇帝为此题写的匾额上，就能窥探出丽江木氏土司的兴衰史，以及丽江古城历史的发展脉络。明洪武帝朱元璋题的“诚心报国”，明永乐帝朱棣题的“辑宁边境”，明嘉靖帝朱厚熜题的“益笃忠贞”，明万历帝朱翊钧题写的“忠义”。在中国历史上，历朝历代皇帝对于一个边陲小镇这样青睐真是罕见。从地理位置和历史价值来看，丽江古城非同一斑。自1381年明洪武帝朱元璋赐丽江土司阿甲阿得木姓世袭土司以来，木得在丽江古城西南隅开始兴建丽江土司衙署——木府（图3-13）。木府地址选在丽江古城西南隅，左有玉龙雪山，右有白虎山，背后狮子山，前有龟山。完全按照中原左青龙、右白虎、前朱雀、后玄武的风格而建。木府占地46亩，中轴线长396米，整体建筑坐西朝东。纳西人崇拜东方，迎旭日而得木气，东方按五行说为木，在纳西族民居里许多建筑都是坐西朝东。木府的建筑分为三部分：第一部分是衙署区，有石牌坊、仪门、议事厅、万卷楼、护法殿建筑；第二部分有玉花园、光碧楼、玉音楼、三清殿；第三部分是生活区，有木家院、木府一条街。木府的整体建筑布局模仿北京紫禁城，就连明朝大旅行家徐霞客看完木府也感慨地说：“宫室之丽，拟于王者。”木府的规模无法与北京紫禁城相比，但意境相仿，有师其意不仿其形的建筑手法。1999年《重修木府记》中描述：“欣览木府新姿，古城环抱，随势布局，白虎青龙，气象万千。殿枕狮山，升阳刚之气。坊迎玉水，具太极之脉。北列万象更新，南引长蛇布阵。自殿至坊，中轴369米，三清、玉

□ 图3-13 丽江古城木府（作者摄）

音、光碧、护法、万卷、仪事诸幢巍然。忠义坊三门四柱六檐，柱皆通天式，高11米，前立四狮，后安鳌二，坊顶向内立望出犼二，愿主人早出门视事，向外立望归犼二，祈主人平安归来。”这样的建筑布局与北京的紫禁城极为相似，北京天安门前华表上有望出犼，也是盼望帝王出门视察民情，早日平安归来。进入木府前有三道门，第一道门是关门口，关门口建有门楼，两侧一对石狮。门楼两旁有两座院落，一座驻木府士兵，负责把守关门口；一座驻木府乐队，土司出入关门口时负责奏乐。进入关门口100米有一座牌坊，这是第二道门，牌坊上镌刻着“天雨流芳”，这是纳西语“特恩吕芳”的谐音，意思是去读书吧，体现了纳西族人民“知诗书，好礼守义”的儒家思想。进入木府前，有一座汉白玉牌楼，三间四柱六檐，四根汉白玉通天柱高11米，牌楼巍峨肃然。据乾隆年《丽江府志略》记载："在土通判署右，高数丈，栋梁斗拱，通体皆石，坚致精工，无与敌者。"这座牌楼的精致不在做工上，而是上面镌刻着明万历皇帝为木土司题写的"忠义"二字。忠义一词指的是忠贞义烈，忠臣义士，忠是对人忠实不贰，义是对事忠心一意。我们为纪念屈原留下千古绝唱：端一碗崇敬，倒进滔滔的江水；饮一杯思念，融进深深的血液；歌一曲悲歌，震动广袤的天地；尝一口忠义，咽下千古的传颂。我想万历皇帝为丽江土司题写"忠义"时，一定会想到中国的历史上那些忠贞义烈为国家所做的贡献。丽江土司对明朝也确实忠贞不贰，从参与明朝平叛西南动乱，到木增土司向明朝政府纳银千万两。历代丽江土司可以说忠贞义烈。万历皇帝为丽江土司题写忠义有两个目的：其一，鼓励丽江土司继续忠义朝廷，为边疆各个土司做出表率。其二，各个边疆土司不要再叛乱，叛乱是没有好结果的，只有忠义朝廷才是最好的出路。清朝乾隆皇帝对土尔扈特部归顺时讲："始逆命而终徕服，谓之降，弗加征而自臣属，谓之归顺。"忠义在中国传统文化中是非常受到重视的，乾隆皇帝认为土尔扈特部的归顺就是忠义，因为不用派兵征讨，自己前来臣服。丽江土司能够得到明朝皇帝恩赐"忠义"，也说明丽江在明朝庭占有很重要的位置（图3-14）。

《明史》记载："云南诸土官，知诗书，好礼守义，以丽江木氏为首"。明万历四十八年（1620），土司木增向朝廷纳银1200万两，神宗赐"忠义"二字，以表彰丽江土司对朝廷的无限忠诚。木增在丽江木府前修建这座牌楼，将神宗赐予的"忠义"二字镌刻在上面，以彰显木氏家族对朝廷的尽忠。明万历皇帝为什么对丽江土司木增如此青睐，而木增对丽江古城与木府的贡献又在哪里？我们从洛克博士在《中国西南古纳西王国》一书的记载中可了解详情。约瑟

□ 图3-14　丽江古城木府议事厅（作者摄）

夫·洛克博士是一位出生在维也纳的美国人，1922年到丽江，本来是为研究植物和飞禽而来，结果被这里的纳西族文化所吸引，一住就是27年。他的《中国西南古纳西王国》一书，为我们研究丽江纳西族的历史提供了许多有价值的东西。洛克博士讲：“丽江土知府中最出色和最进步的无疑是木增。纳西人更熟悉他的另一个名字‘木生白’，但人们在交谈中常称他为‘木天王’。他生于1587年，于公元1598年就职，公元1646年逝世。木增是一个诗人和作家，并且被公认为是一个非常优秀的书法家。两副对联的文辞如下：对联之一，‘谈空客喜花含笑，说法僧闻鸟乱啼’。对联之二，‘僧在竹房半帘月，鹤栖松经满楼台’”（图3-15、图3-16）。我们从木增土司这幅书法上可以看出纳西族的民族文化与中原汉文化有着亲缘关系。

□ 图3-15 丽江19代土司木增画像（引自约瑟夫·洛克《中国西南古纳西王国》，云南美术出版社）

书法本身是中华民族独有的文化，位于中国西南边陲的丽江土司这样精通书法并不是偶然。我们从丽江木府的修建中就可以窥探出纳西族对中华民族文化的青睐。丽江木府万卷楼收藏有《四库全书》，而在万卷楼的一楼就是木府子弟学习的地方，可以说纳西族耳闻目染的都是中华民族文化，对于仁、义、礼、智、信和“三纲五常”有着深刻的理解。

木增是一位通晓儒家文化的土司，他曾邀请明朝大旅行家徐霞客到丽江做客，两人相见恨晚，木增以纳西族最高礼遇招待徐霞客，徐弘祖也在他的《徐霞客游记》中为丽江留下了浓墨重彩的一笔。木增的这副对联描写的就是他与徐霞客相交的心境。木氏后人木光先生在《徐学研究》杂志上说：“谈空客喜花含笑，说法僧闻鸟乱啼。表达了徐霞客在丽江与木增交谈时的一种情境。谈空的‘空’是佛教哲学的基本概念和核心，其意义是木增与徐公的谈话达到了心理上的交融互通。‘花含笑’拟指交流双方的心态融合，似乎台阶前花朵都在微笑助兴。下句阐释了木增晚年专心于‘禅房养心’，与自然融为一体，与花鸟为伴，达到了自然和谐的境界。而徐公遐征西南的壮举，完全超脱了贪图仕途名利的束缚，志在探真求实。两人心态的融合达到了血脉相通的境况，铸成了‘金石之交’的友谊。”（《木府血脉》第293页）从这里的记载中我们就可

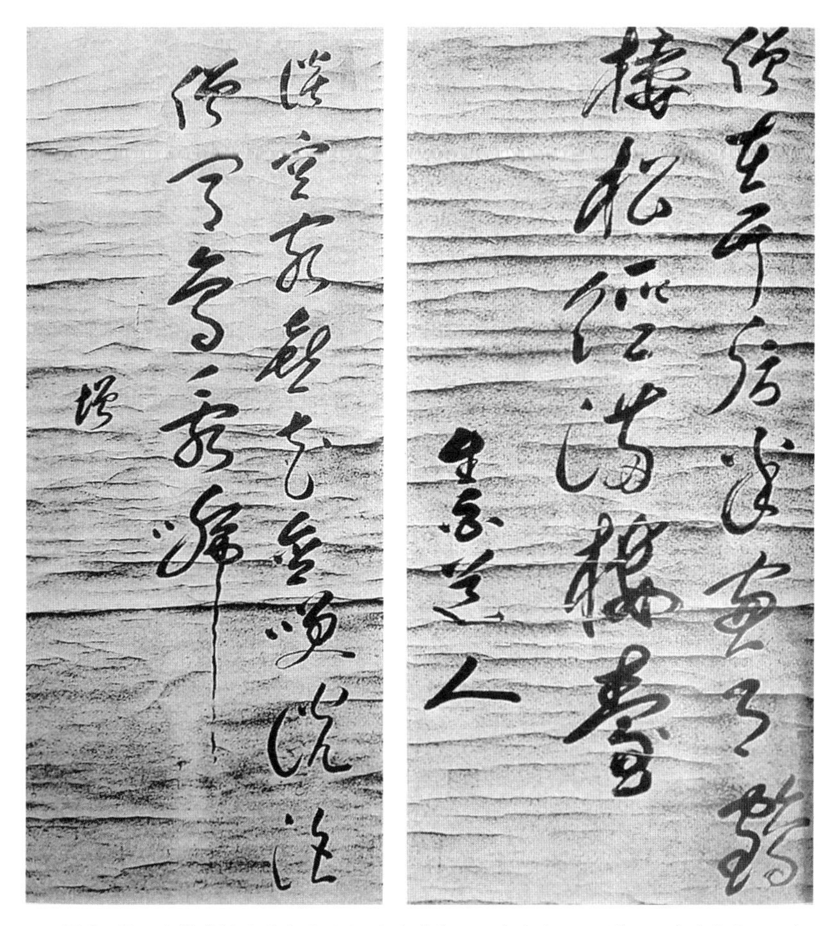

图3-16 木增书法（引自约瑟夫·洛克《中国西南古纳西王国》，云南美术出版社）

以看出木氏家族与汉族文化水乳交融的和谐。我们从木府的建筑中就能看出纳西族与汉文化互通的自然、融汇的美满。进入木府大门就是一座主体建筑议事厅，议事厅是土司议政之殿，面宽七间，重檐歇山顶，这种建筑模式在宋朝宫殿建筑中非常流行，又称九脊殿。议事厅前是宽广的广场，这里是土司阅兵的场所，此处的气场真是“宫室之丽”。

木府分为三个区，即衙署区、住宅区和园林区，议事厅就在衙署区第一座主题建筑，也是整座木府的地标建筑。它气宇轩昂，代表了王权的威严，也象征着土司的权势，土司遇有重大事件都在此处理。议事厅的后面就是护法殿（图3-17），这里是土司处理家事的大殿。在护法殿后面是玉音楼（图3-18），此楼是承接圣旨和歌舞宴会的场所。玉音楼后面是三清殿。木府的主体建筑都

□ 图3-17　丽江古城木府护法殿（作者摄）

□ 图3-18　丽江古城木府玉音楼（作者摄）

与中原皇家建筑文化风格相仿，重檐歇山顶，汉白玉基座。不但在建筑风格上与中原汉文化相通，在内涵上更是一种水乳交融，不分彼此，三清殿就是一个例证。三清殿在道教文化中视为最高的尊神，玉清元始天尊、上清灵宝天尊、太清道德天尊（道德天尊即太上老君）。苏州玄妙观三清殿、福建兴化三清殿、莆田三清殿、巍宝山三清殿、武夷山三清殿、成都青羊宫三清殿等与木府的三清殿都是道教文化的展示。除此之外，木府的万卷楼在建筑风格上与中原重檐攒尖顶相仿，在内涵上也是与儒家文化一脉相承。它收藏了儒家文化的经典书籍，其中《四库全书》基本收纳。木府的建筑集儒家文化与纳西文化融合得天衣无缝，水乳交融。木府的后花园不但有曲径通幽的静谧，也有小桥流水的自然。进入木府就像进入丽江的大观园。木府为中华民族留下了可歌可泣的民族宝典，不愧为世界文化遗产，“一座土司府，半部民族史”。

## 3.3 丽江古城　衔山抱水

郭大烈在撰写《重修木府记》中记载：丽江古城木府“起山落脉，屋脊平缓，前檐厦宽，舒展柔和，反璞归真，颇具古明府宅之真谛。线条流畅，兼得中原江南风味。庄严厚重，既与古城融为一体，又具王府气派。仿明又出于明，拟古又胜于古，堪称凝固丽江古乐，当代东巴创世史诗，乃古城之丰碑。”这是描写丽江木府的风韵，木府是丽江古城的升华，丽江古城又是木府的文化底蕴（图3-19～图3-21）。

丽江古城被郁郁葱葱的群山环抱着，西北是常年积雪的玉龙雪山，北面是象山，西面是狮子山。东南方向是辽阔的丽江坝子，这里水系丰富，泉水自流，玉水河穿城而过，大小水渠傍街而淌。这些自然条件构成了丽江古城的山

□ 图3-19　丽江古城江南水韵（作者摄）

□ 图3-20　丽江古城小巷傍水而行（作者摄）

□ 图3-21　丽江古城小溪穿巷而过（作者摄）

水城市的空间环境。

纳西族人称丽江为“依古堆”，意思是江湾腹地。“乌鲁”是纳西族人对玉龙雪山的称呼，“三多”是纳西族人对玉龙雪山保护神的敬畏。从空间环境到社会心理，纳西族祖先选择丽江坝子作为故乡开拓发展，是他们的明智之举。这里春秋相连，冬无严寒，夏无酷暑，空气湿润，阳光充足是人们最宜生存的环境。就像苏东坡所说的“此心安处是吾乡”，纳西族人把丽江坝子当故乡，一代一代人兼收并蓄，开发丽江、建设丽江，形成了丽江古城纳西族独特的故乡文化。

### 3.3.1 科学合理布局　随心所欲建筑

纳西族的祖先在开发丽江，建设丽江的同时又丰富了纳西族文化。他们开放的胸怀，厚重的民风不断地学习和吸取不同民族的先进文化，使丽江古城形成了独具纳西族特色的丽江文化。在丽江古城的建筑上就充分地体现出来。“三坊一照壁”“四合五天井”“一进多套院”的建筑形式，是汉、白、藏、彝等多民族的组合体，是“迎旭日而得木气”的纳西族文化呈现。

“三坊一照壁”是丽江古城纳西族最常见的民居建筑（图3-22）。所谓三坊，正房一坊两层，供老人居住。东西厢房两坊两层，供晚辈居住。正房三间的两侧各有一个“漏角屋”，也是两层，但比正房矮，一般作为书房和厨房。中间是天井，用于采光、通风和排雨水。正房的对面就是照壁。

“四合五天井”是丽江古城纳西族民居的另一种常见建筑。

将“三坊一照壁”中去掉正房对面的照壁，取而代之的是三间下房为一坊，形成一个封闭的四合院，与北京的老四合院很相似。下房的两侧增加两个小天井，加上正房两侧的两个天井和中间大天井，所以就叫“四合五天井”

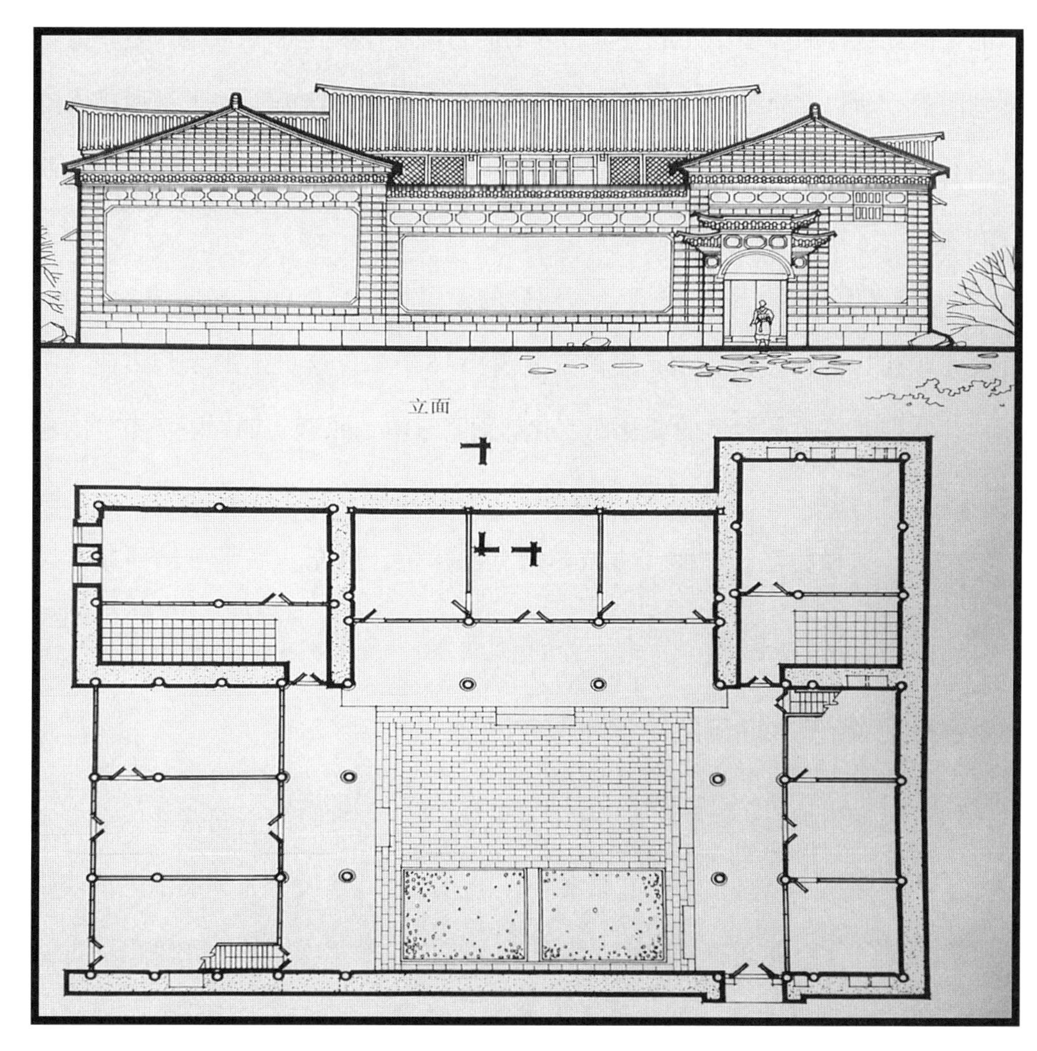


□ 图3-22 丽江古城“三坊一照壁”建筑立面图、平面图
（引自《丽江古城与纳西族民居》）

（图3-23）。这与北京的四合院有着不同特点，北京天气夏天炎热干燥，冬季寒冷风大，而丽江空气湿润，冬无严寒，夏无酷暑，春秋相连，“四合五天井”只能在丽江这样的环境中才适宜。北方的四合院冬季要考虑到取暖，夏季要考虑到防暑，所以北京的“四合院”也只能在北方适应。这就反映了纳西族人的聪明智慧，它们没有照搬北方的“四合院”，而是独创具有本民族特色的“四合五天井”。

“一进多套院”是丽江古城多变地形的建筑特色。丽江古城海拔2400米，北面是象山，西面是狮子山，距离玉龙雪山15千米。这里地形复杂多变，所以丽江古城建筑也随地形的变化而变化。而“三坊一照壁、四合五天井”的建筑形式还保留着。“一进多套院”的建筑形式就是随着地形变化而组合的套院（图3-24），这样的建筑在丽江古城非常有韵律感，也充分展示了纳西族人民的聪明智慧。

### 3.3.2 街傍水铺自然　巷随渠走随意

丽江古城占地1.5平方千米，现有居民24万。在有限的空间营造一个家家傍水、户户穿溪、路路相通的高原水乡，在丽江古城建设上充分展示了纳西族人民超人的才干。丽江古城的水源来自玉龙雪山，常年积雪的玉龙雪山为古城提供了源源不断的水流。河水流入黑龙潭，经过玉水河桥，其分为东河、中河、西河，由三条河再分为数股支流穿淌丽江古城。河水、小溪、水渠在古城形成一个树冠状水网，将千家万户串联起来。古城的街道随着河水的弯曲而拐弯，小巷跟着水渠直流而延伸，小路傍着小溪并肩前行。河水与古城的建筑钩心斗角错落有致地形成血脉相连的自然关系。溪水潺潺给古城带来了勃勃生机，小路漫漫赋予了古城脉脉灵性。真有不是江南胜似江南的水乡丰韵。

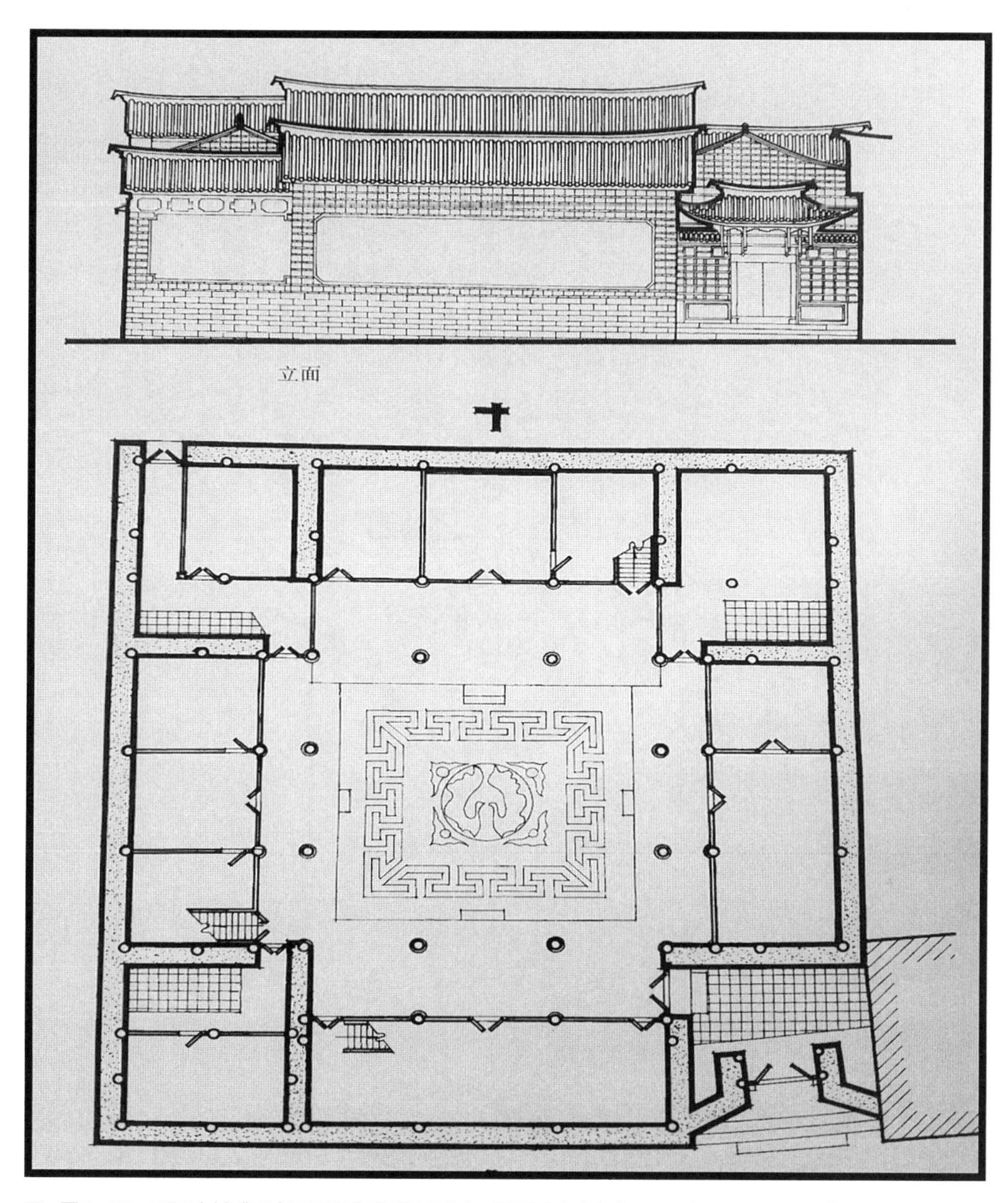


□ 图3-23 丽江古城“四合五天井”建筑立面图、平面图(引自《丽江古城与纳西族民居》)

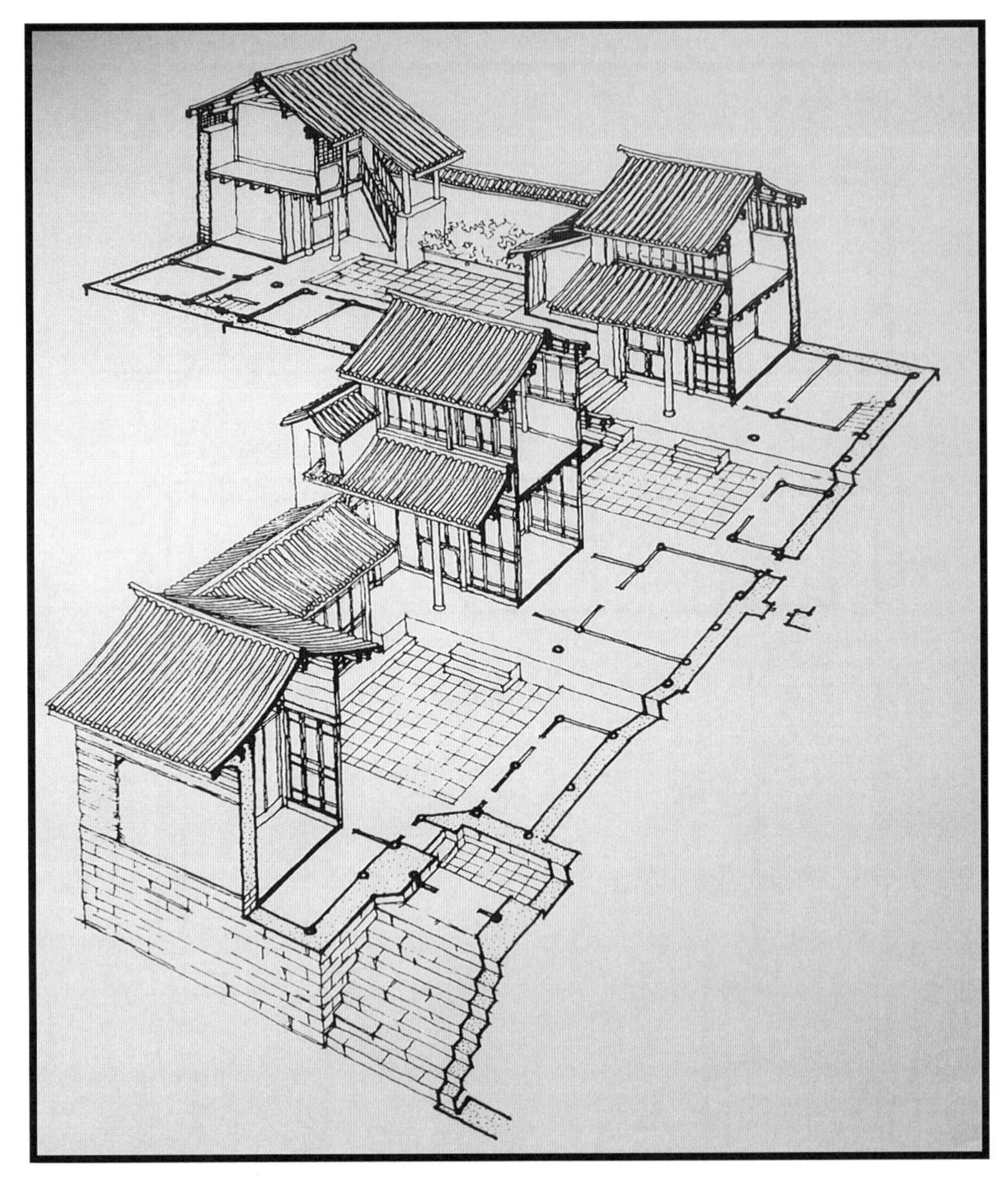

□ 图3-24 丽江古城"一进多套院"(引自《丽江古城与纳西族民居》)

### 3.3.3 建筑质朴富人性　道路简约求亲和

如果说丽江古城是纳西族文化的结晶，那么古城的建筑就代表了纳西族人民的个性。它质朴厚重，外敛内强，简约富于多变，兼收多于并蓄。丽江古城空间布局合理，古朴自然；环境利用科学，景色秀丽；建筑结构简朴，因地制宜；装修精美典雅，朴实生动；街道自然流淌，鲜明实用；文化多姿多彩，融汇精华。这就是丽江古城的魅力。在创建山水城市的同时，我们应该多考虑丽江古城的成功之处。朱良文教授对丽江古城的个性特征总结得非常精彩，值得我们深思。

丽江古城民居的质朴反映了纳西族人民的勤劳和聪慧。我们创建"山水城市"要考虑城市的品格、风格和性格。城市的品格是由城市的自然条件决定的，城市的风格是由城市的建筑特色定调的，城市的性格是由城市品格和风格决定的。丽江古城不管是她的品格、风格和性格，都是我们创建"山水城市"最好的典范。民居不大，质朴而典雅；道路不宽，静谧而亲切；建筑不高，简朴而不简单。所有这些都感动了朱良文教授，他对丽江古城有了精辟理解（图3-25～图3-30）。

他说："一是不求工整，但求随意。古城的街道和建筑皆因地制宜，顺其自然，此既为自然性。

"二是不求高大，但求得体。古城的空间与建筑皆尺度较小，体量不大，显示尺度感。

"三是不求气势，但求亲和。古城的布局与空间没有霸气，富有人性，充满人情味。

"四是不求豪华，但求质朴。古城的建筑与装修简洁朴实，不事铺张，体

□ 图3-25 丽江古城民居（作者摄）

□ 图3-26 丽江古城小溪穿桥而过（作者摄）

□ 图3-27 丽江古城亲和的小巷（作者摄）

□ 图3-28　丽江古城诗情的民居（作者摄）

现了平民化。

“自然性、尺度感、人情味、平民化——这是丽江古城的个性特征，也是丽江古城的形象特色，丽江古城的传统精华，丽江古城的保护核心。”

自然性是丽江古城成功的秘诀，我们知道创建“山水城市”并不是孤立地去建一座城市，一定要考虑与“山水城市”自然环境和人文环境相融合，与民族文化和民俗文风相融汇。从这一点上我们就会理解钱学森提出创建“山水城市”概念的深刻含义。“山水城市”并不是一件挖水堆山那么简单的事。朱良文教授用了几年的时间研究丽江古城写出《丽江古城与纳西族民居》，为创建山水城市提供了珍贵的参考价值。

城市的自然性，必须要考虑城市与自然生态和人文环境相融合，创建“山水城市”一定要尊重自然生态、尊重历史文化和重视科学技术，这是核心，不能忘记核心而偏离创建“山水城市”的方向。城市的尺度感，创建“山水城市”不是建设高、大、尚的超大城市，这不是我们的目标。人情味，城市是人们居住、生活和工作的地方，人情味就是城市建设要人性化。创建“山水城市”不能脱离人性化，因为城市建设的目的就是让人们过上幸福、安康、美丽、祥和的生活。平民化，是我们创建“山水城市”奋斗的方向，人民是历史的创造者，也是历史的见证者。

我们研究丽江古城的最终目的就是保护它的传统精华与核心内容。自然性、尺度感、人情味、平民化也是我们探讨钱学森山水城市追寻的目标。丽江古城的保护与开发为我们践行山水城市理念提供了丰富的内涵。

冯友兰说：“中华民族的古老文化虽然已经过去了，但它也是将来中国新文化的一个来源。”钱学森的山水城市理论来源于中国的传统文化，他对吴良镛院士说：“能不能把中国的山水诗词、中国的古典园林建筑和中国的山水画

□ 图3-29 丽江古城古韵（作者摄）

□ 图3-30 丽江古城的未来（作者摄）

融在一起，创立山水城市概念？”这一概念的关键词是创立，在继承传统精华的基础上要有创新。山水城市就是要拟古而胜于古。“山水城市是把我国传统的园林思想与整个城市结合起来，同整个城市的自然山水条件结合起来，要让市民生活在园林之中。”研究丽江古城践行钱学森的山水城市科学思想，就是我们为之奋斗的目标。这是我受到钱学敏教授写的《钱学森科学思想研究》一书的影响，因为钱学森的科学思想是我们取之不尽、用之不竭的思想宝库（图3-31）。

□ 图3-31　钱学森与堂妹钱学敏。钱学敏著有《钱学森科学思想研究》一书，对于我们了解和研究钱学森的科学思想有非常重要的价值（于景元拍摄）

# 第4章 山水城市系统工程

钱学森讲:“什么叫系统？系统就是由许多部分所组成的整体，所以系统的概念就是强调整体，强调整体是由相互关联、相互制约的各个部分所组成的具有特定功能的有机整体。而且这个‘系统’本身又是它所从属的一个更大系统的组成部分。系统工程就是从系统的认识出发，设计和实施一个整体，以求达到我们所希望得到的效果。我们称之为工程，就是要强调达到效果，要具体，要有可行的措施，也就是实干，改造客观世界。

“系统工程是要解决具体实际的问题的，是讲实干的，是要改造客观世界的，而不是只研究学问。从科学的广泛含义来说，当然也可以叫作组织管理的科学，叫系统工程更为确切些。”

钱学森是中国现代史上一位伟大的科学家，国家杰出贡献的战略科学家，同时又是一位卓越的思想家和杰出的教育家。在他几十年波澜壮阔、跌宕起伏的科学生涯中，创造了许多科学丰碑，为我国现代科学技术发展和社会主义现代化建设作出了突出贡献。他被称为“中国航天之父”，对我国火箭、导弹和航空航天事业作出了开创性的贡献。他的研究领域十分广泛，而且都有开创性的贡献。在工程、技术、科学和哲学领域的不同层次、跨学科、跨领域的研究中都作出了卓越的贡献。

系统工程在我国最早应用于航天系统中，并取得了显著成绩，这些都是在钱学森领导下开创的科研成果。当时每一个型号的航天器都有一个总体设计部，总体设计部由最有科学实践经验和富有领导能力的科学家担任。下分两条各有分工又密切合作的系统，一条是专业设计、审核、修改和实施，另一条是组织管理。实践证明，这是一个非常高效成功的系统工程。钱学森讲："总体设计部实践，体现了一种可选方法，这种可选方法就是系统工程。"周恩来总理生前曾提出：把系统工程总体设计部的经验推广到国民经济系统。就此，钱学森在1980年提出建议将社会科学工作者与自然科学工作者和工程技术人员相结合的总体设计部的构想，就是要试图把系统工程应用到国民经济系统中去，将周恩来总理生前的设想变为现实。

山水城市概念的提出，正是钱学森系统工程科学思想的拓展。1990年7月，钱学森看到《北京日报》7月25日、26日第1版和《人民日报》7月30日第2版报道，由清华大学建筑学院、中国工程院院士、中国科学院院士吴良镛教授主持设计的《北京菊儿胡同危房改造工程——楼式四合院》新闻后，他老人家的心情非常激动。于1990年7月31日写信给吴良镛说："我近年来一直在想一个问题；能不能把中国的山水诗词，中国的古典园林建筑和中国的山水画融合在一起，创立'山水城市'的概念。"这是个学术概念，钱学森是位战略科学家，他提出这个概念就是希望和大家讨论，把中国的城市建设成有中国特色、生态环保和可持续发展的宜居城市。钱学森与吴良镛、周干峙、鲍世行、顾孟潮、朱畅中、谢宁高、郑孝燮、陈从周、于景元、王寿云、陈植、吴翼、钱学敏、陈志华、楼庆西、李秋香、高介华、李宏林等一批城市规划专家、建筑设计专家、园林专家、古建专家、哲学家、社会学家等讨论"山水城市"的可行性与可操作性。在钱学森的倡议下于1993年2月27日在北京召开了"山水城市"座谈会。参加会议的有城市科学、城市规划、园林、地理、旅游、建筑、美术、雕塑等各方面的专家学者，他们共同讨论"山水城市"'这一划时代的课题。钱学森因身体原因没能到会，送来一篇《社会主义中国应该建山水城市》的书面发言，为座谈会指明了方向。以后钱学森与诸多专家学者用通信的方式讨论“山水城市”课题，专家们对钱学森提出的创建“山水城市”有高度的评价。

吴良镛（中国科学院院士、中国工程院院士、清华大学教授）：“我认为‘山水城市’这一命题的核心是如何处理好城市与自然的关系。人类开始与自然搏斗，学会适应自然，利用自然，赖以生存。发展到今天，技术力量强大到足以摧毁自然，却又无力对待自然的报复。因此需要重新认识如何与自然相协调，才得以生存。钱老说：‘人离开自然，又要返回自然。’言简意赅、历史地、辩证地道出了人与自然关系的变化。”

周干峙（中国科学院院士、中国工程院院士、原建设部副部长）：“首先就是处理好人工环境与自然环境的关系，处理好与山水的关系。‘山水城市’讲的是一种思想理念，是城市的一种形态模式，就是要建设具有中国特色的，跟自然环境结合的，具有高度文明水准的城市。因为它是一种思想，一种学术观点，不是政策，不是千篇一律的，也不强求统一。恰恰要求因城制宜，各有不同。如果这样讲，就可以开阔我们的思路，可以通过这些认识来影响我们的政策，使我们的决策更加符合实际，符合本城市的特点，推动我们城市建设水平的提高。所以，我很赞成这个提法的。”

鲍世行（中国城市科学研究会副秘书长）：“中国古代‘山水文化’是出世，表明它只为脱离世间群众的封建统治者，达官显贵等少数人享用；我们‘山水城市’是入世的，表明山水城市要充分考虑为老百姓服务的要求。出世、入世这两个哲学概念揭示了中国山水文化与山水城市的深刻本质。”

顾孟潮（中国建筑学会编辑委员副主任）：“我认为‘山水城市’是钱老孕

育多年形成的科学设想，可以看作是国际上‘生态城市’的中国提法。这一见解是很大的建树，使‘生态城市’在中国变成可以操作和实行的事，有着极大的理论和实践意义。研究和创造21世纪中国城市的特色，必须有这种高屋建瓴的思路。”

郑孝燮（建设部高级建筑师，国家历史文化名城专家委员会副主任）：“我浅陋地认为‘山水城市’首先在于把握‘中国特色’这个灵魂，同时达到良好的生态环境，又要塑造（包括创造和保护）完美的文态环境。生态环境与文态环境共同关系着人类文明的现状和前途。建‘山水城市’应当对这两个文明环境并重，而走在全国城市的前头。”

朱畅中（清华大学建筑学院教授）：“‘山水城市’是在城市历经几千年发展到20世纪末，针对今天城市发展中的形形色色问题和人类追求理想生活环境的现实基础上提出来的。‘山水城市’的倡议是完全道出了广大城市居民的心愿。人们有理由要求把自己以及子子孙孙赖以生存的环境越建越好。希望城市是一个适宜于人们健康生活而没有任何污染的生态环境，是一个现代化、高效率、管理科学、规范化的城市，是一个充满绿色、充满阳光的城市，是一个安全宁静的城市，是一个文化文明的城市，是一个美的城市。”

新文（科技日报记者）：“‘山水城市’是钱老思考多年的科学设想，也是国际上目前着力研究的‘生态城市’的中国提法。这一见解是从生态学的角度，总揽古今中外历史文化，以系统工程的方法产生的。它在建立基础科学理论和策略上有很大的建树，它使‘生态城市’这一理想在中国变成了可以操作和实现的事，因而有着极大的理论和实践意义。”

我们可以从这些专家的评价中看出“山水城市”就是要处理好城市与自然的关系，要用中国传统哲学“天人合一”的思想处理好人与自然的关系。人与自然和谐相处，让中国城市更具有中华民族的独特风格。山水文化是根，儒家文化是本，“山水城市”不能脱离我们的根本。钱学森讲：“我们离开自然，又回归自然。”这就是提示我们搞城市规划设计的专家，“山水城市”建设要尊重自然生态、尊重历史文化、重视科学技术，要成为具有地方特色、民族特点、文化特征、园林特质的生态宜居城市。“山水城市”建设首先要把握住中国特色的灵魂，生态环境与文态环境并重。钱学森倡导的“山水城市”看重的就是中国独特的山水文化。他认为当前所推行的园林城市、花园城市、生态城市等都不能很好地代表中国城市的特色，中国的山水诗词、古典园林建筑和山水画最能休现中国的山水文化。“山水城市”是在钱学森心中孕育多年才形成的一种创新概念。从1955年10月8日回国，1958年3月1日钱学森在《人民日报》上发表《不到园林怎知春色如许——谈园林学》，到1990年7月31日给吴良镛去信，提出创立“山水城市”概念。在这几十年里，钱学森的论文，对城市建设提出了许多非常有前瞻性的理论。历史上凡是伟大的科学家、思想家的理论都有前瞻性，一般人都很难理解他们的思维。事实证明他们的伟大之处就在于预知事物的发展规律，为人类文明留下宝贵遗产。

英国人麦克斯韦于1864年发表电磁理论，德国人赫兹于1888年才证实电磁波的存在，他超前了24年。

俄国人门捷列夫于1869年发表元素周期律，法国人布瓦博德朗发现镓，才证实了周期律，他超前了6年。

德国人爱因斯坦于1905年提出质能互换$E=mc^2$，1945年第一颗原子弹爆炸，他的理论超前了40年。

奥地利人孟德尔于1865年发表了遗传定律，1900年，荷兰人德弗里斯、德国人柯伦斯、奥地利人切尔马克都通过试验证实了孟德尔遗传定律，孟德尔理论超前了35年。

钱学森1958年发表有关山水城市的学术论文，到1990年正式提出创建“山水城市”概念，他花了32年。从这一点上我们要珍惜“山水城市”这一理论，它为我们的城市建设指明了发展方向。城市建设是一个复杂的系统工程，山水城市的实施必须遵循这个系统工程。

钱学森认为：“科学理论就是要把规律用数学的形式表达出来，最后要能上电子计算机去算。这科学理论是系统工程的基础，系统工程则是这门科学理论的具体应用。”什么是山水城市的科学理论？中国山水文化的形成深受儒家文化的影响，形成了“天人合一”的自然观。我们要遵循生态环境与文态环境的规律，尊重自然生态、尊重历史文化、重视科学技术三原则，这些就是山水城市的科学理论基础。用什么方法去实施这样的科学理论，系统工程是最实际、最有效的科学方法。

钱学森认为：“系统工程也就是办事的科学。”山水城市的科学理论是指导创建山水城市的科学思想。钱学森说：“我认为所有的科学技术都是这样分为三个层次，其中一个层次是直接改造客观世界的技术，再有一个是更基础的理论，在我们这方面就是从城市规划—城市学—数量地理学这样一个城市的科学体系。我们要搞好城市建设规划发展战略，就有必要建立这样一个科学体系。”

我们先把山水城市科学体系建构起来，就必须先了解钱学森十一大现代科学技术体系。因为山水城市科学体系就建在这十一大科学体系之中，只有更深入地了解十一大现代科学技术体系，才能掌握山水城市的科学理论，运用系统工程实施山水城市建设。我们传统的学科分类都是以数、理、化、天、地、生来进行的，它们之间学科分离、分隔，互不相通，造成自然科学与社会科学脱钩。钱学森根据自己几十年的科学生涯经验得出一个科学创新规律，一些学科研究成果都是在交叉学科上取得成功的，学科跨度越大，成果越丰硕。经过几十年的科学实践，钱学森总结了人类对科学技术的辩证统一认知，他认为“认识客观世界的学问就是科学，改造客观世界的学问就是技术”。科学技术都是人们认识客观世界和改造客观世界的学问，学问就得尊重自然规律。我们现在已经发展到如吴良镛院士所说的：“人类发展到今天，技术力量如此强大到足以摧毁自然，却又无力对待自然的报复。因此需要重新认识与自然相协调，才得以生存。”

山水城市系统工程就是教我们怎么去认识自然、怎么与自然和谐相处、怎么尊重自然去搞城市建设。钱学森十一大科学技术体系就是指导我们用科学的方法去创建有中国特色的山水城市（图4-1）。1991年10月16日，国家授予钱学森“国家杰出贡献科学家”荣誉称号和一级英雄模范奖章，大会上他感慨地说：“我认为今天的科学技术不仅仅是自然科学工程技术，而且是人类认识客观世界和改造客观世界的整个知识体系，而这个体系的最高概括是马克思主义哲学。我们完全可以建立起一个科学体系，而且运用这个科学体系去解决这个社会主义建设中的问题。”他又说：“科学与技术体系，包括了人类现在所认识到的客观世界规律的全部精华，它就是智慧的源泉，而这个科学技术的最高概括——马克思主义哲学难道还不是人类智慧的结晶吗？”

科学与技术、智慧与智能是辩证统一的关系，科学是认识客观世界的理论，技术是改造客观世界应用工程，智慧是人类的创造能力，智能是完成创造工程技能。创建山水城市我们既要深刻理解科学理论，又要掌握现代技术；既要学习和使用智能，又要发挥我们的潜在的智慧。从这张现代科学技术体系图中我们就能深刻理解钱学森深邃的科学思想。

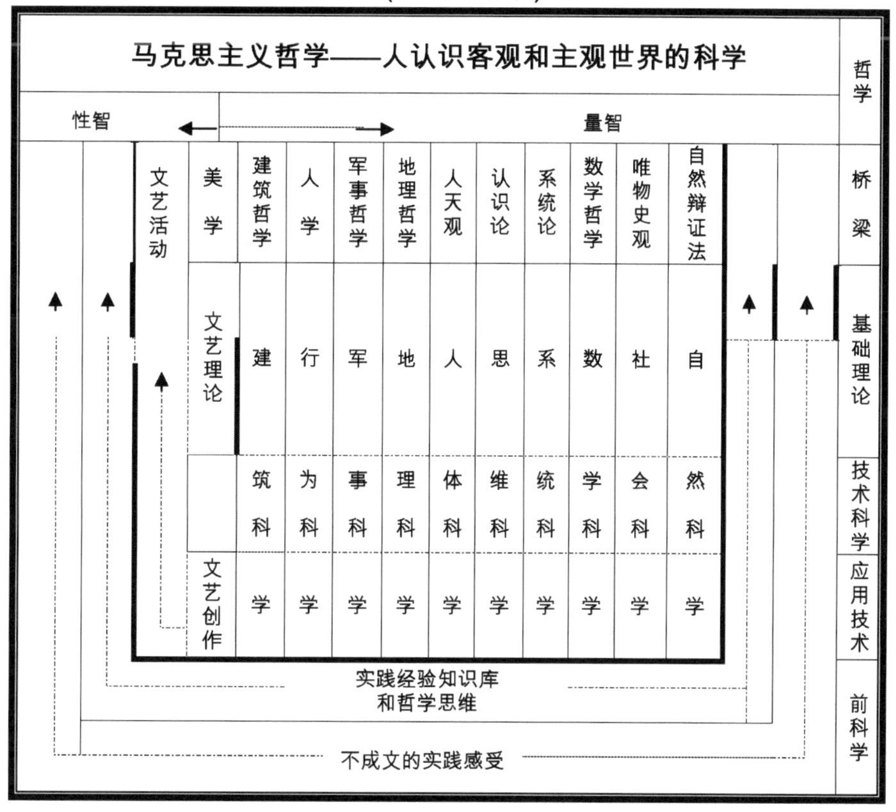


图4-1 钱学森的现代科学技术体系

什么是科学？什么是技术？钱学森总结了古今中外专家学者的经验，用辩证唯物论的观点分析历史上对科学与技术的界定。他提出的“认识客观世界的学问就是科学，改造客观世界的学问就是技术”，这就总结出要想改造客观世界就必须有一个科学的理论。没有一个严谨的科学理论，任何改造客观世界的行为都将一事无成。马克思的辩证唯物主义，毛泽东的实践论、矛盾论深深地影响着钱学森的科学观。他把整个现代科学技术体系分为三个层次，都是以认识客观世界和改造客观世界辩证统一观来划分的，整个科学技术体系的最高层是马克思主义哲学，即辩证唯物论。最下层是现代科学技术十一大部门，这十一大科学技术部门中的每个部门都是按照认识客观世界和改造客观世界的规律来界定的，将其划分为基础科学、技术科学、工程技术三个层次。十一大科学技术体系是一个动态的，不断完善的有机体系（图4-1、图4-2）。最高层次

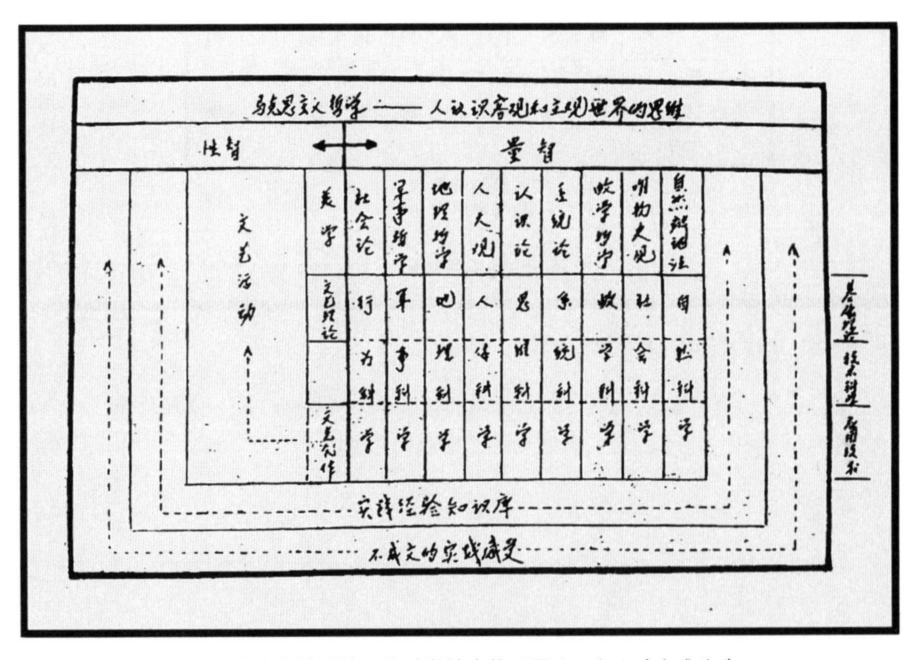


图4-2　钱学森83岁亲自绘制的现代科学技术体系图（引自钱学森《科学的艺术与艺术的科学》，人民文学出版社1994年）

马克思主义哲学辩证唯物论与最下层次的十一大科学技术部门之间有十一架桥梁相连，构成整个人类知识体系。

## 4.1 自然科学

自然科学是关于无机自然界和包括人类的生物属性在内的有机自然界的各门科学。自然科学认知的对象是整个自然界，即自然界物质的各种类型、各种状态、各种属性及运动形式。自然科学认识自然客体的鲜明特征是，不仅认识各种物质类型及其运动形式，而且认识它们的相互联系、相互作用和相互转化；不仅认识物质运动的宏观过程，而且深入物质客体的微观结构；不仅注重从物质运动的角度揭示自然现象演化机制，而且注重揭示结构和功能。自然科学通过自然辩证法这座桥梁到马克思主义哲学，即辩证唯物论，是自然科学的科学体系。

## 4.2 社会科学

社会科学是以社会现象为研究对象的科学，其研究各种社会现象及其发展规律。社会科学所包含的学科：政治学、经济学、军事学、法学、教育学、文艺学、史学、语言学、民族学、宗教学、社会学、新闻学、考古学等。社会科学属社会意识形态和上层建筑范畴。在现代科学发展进程中，科技革命为社会科学研究提供新的方法和手段，所以，社会科学与自然科学相互渗透、相互联系。社会科学通过唯物史观这座桥梁到达马克思主义哲学。

## 4.3 数学科学

数学科学是人脑对现实对象的数量关系和空间形式的本质特征的一种反映形式，即一种数学的思维形式。在数学中，作为一般的思维形式的判断与推理，以定理、法则、公式的方式表现出来，而数学概念则是构成它们的基础。正确理解并灵活运用数学概念，是掌握数学基础知识和运算技能，发展逻辑论证和空间想象能力的前提。数学科学通过数学哲学这座桥梁到达马克思主义哲学。

## 4.4 系统科学

系统科学是研究系统的结构与功能关系、演化和调控规律的科学，是一门新兴的综合性、交叉性科学。它以不同领域的复杂系统为研究对象，从系统和整体的角度，探讨复杂系统的性质和演化规律。目的是揭示各种系统的共性以及演化过程中所遵循的共同规律。发展优化和调控系统的方法，并进而为系统科学在科学技术、社会、经济、军事、生物等领域的应用提供理论依据。系统科学通过系统论这座桥梁到达马克思主义哲学。

## 4.5 思维科学

思维科学是研究人的意识与大脑、精神与物质、主观与客观的综合性科学。思维是人脑对客观事物的反映，自计算机科学诞生以来，对思维科学的研究开辟了新途径。钱学森在20世纪80年代提出创建思维科学技术部门，把思维科学划分为思维科学的基础、思维科学的技术科学、思维科学的工程技术三个层次。思维科学融汇自然科学、社会科学、系统科学等，从心理学、人工智能、计算机学、生理学、文学艺术等方面研究人的思维过程的规律。其应用于语言学、模式识别、人工智能、教育学、情报学、管理学、文字学等学科。思维科学在马克思主义的指导下，在人类认识和改造主、客观世界过程中发挥作用。人们从某些特定角度对思维及其有关问题进行探讨，如何正确地科学地认识整个客观世界并进行创造性的思维去展开研究。思维科学通过认识论这座桥梁到达马克思主义哲学。

## 4.6 人体科学

钱学森提出："用人体功能态理论来描述人体这一开发的复杂巨系统，研究系统的结构、功能和行为。"其认为气功、特异功能是一种功能态，这样就把气功、特异功能、中医系统理论的研究置于先进的科学框架之内，对气功、特异功能的研究起了重大作用。在钱学森的指导下，北京航天医学工程研究所的研究人员于1984年开始对人体功能态进行研究，他们利用多维数据分析的方法，把对人体所测得的多项生理指标变量，综合成为可以代表人体整个系统的变化点，以及它在各变量组成的多维空间的位置。他们发现了人体的醒觉、睡眠、警醒和气功等功能态的各自的目标点和目标环。这样，就把系统科学的理论在人体系统上体现出来了，使人体科学研究有了客观指标和科学理论。

## 4.7 地理科学

地理科学是钱学森于1986年提出的，他认为地理科学是与自然科学、社会科学、数学科学等并列的大科学体系，其可分为三个层次，即基础理论（基础科学）、技术理论（技术科学）、技术层次（工程科学）。基础理论层次包括地理学、区域地理学、部门地理学、自然地理学、人文地理学等。技术理论层次主要是研究应用的地理理论，如建设地理学、应用地貌学、应用气候学。技术层次包括灾害预报、生态设计、区域规划、计量地理学、地理制图、遥感技术、地理信息系统等。从学科性质上来说，其受哲学的指导。自然科学和社会科学的融合，从层次上来看，是一个从基础理论—技术理论—应用技术上的完整体系。地理科学通过地理哲学这座桥梁到马克思主义哲学。

## 4.8 军事科学

军事科学是研究战争的本质和规律，用于指导战争的准备与实施的综合性科学，战争起源于原始社会，经历奴隶社会、封建社会、资本主义社会，到帝国主义时期，战争的范围空前扩大，手段也空前残酷。各国及各政治集团为准备战争和争取胜利，竭力探索战争的规律，研究武装力量的建设和使用。经不断发展逐步形成范围广泛、内容丰富的军事科学体系。目前不限于常规战争的研究，而是不同政治集团的斗争，其中商战、智力战、人才战都是军事科学研究的内容。军事科学通过军事哲学这座桥梁到达马克思主义哲学。

## 4.9 行为科学

行为科学是研究人的行为或人类集合的行为，在心理学、人类学、社会学、经济学、政治学、语言学等领域协作的一门科学。研究对象涉及思考过程、交往、消费者行为、经营行为、社会和文化变革、国际关系政策的拟定的广泛课题。行为科学是运用自然科学的实验和观察方法，研究自然和社会环境中人的行为科学。行为科学应用范围涉及的人类活动的行为规律，结合人的主观世界相互作用于客观世界的行为。所以行为科学就是研究人的社会行为的科学。行为科学通过人学这座桥梁到达马克思主义哲学。

## 4.10 建筑科学

建筑作为一门科学是科学与艺术的结合。钱学森认为“建筑是艺术的科学与科学的艺术”的完美表现。可持续建筑、节能建筑、建筑环境、建筑智能化是高新技术与传统建筑的完美结合，是历史发展趋势。建筑与人的关系、建筑与自然环境的关系、建筑节能与生态的关系都是建筑科学研究的课题。传统建筑与高新技术、生态环境与文化传承也是建筑科学研究的范围。建筑科学通过建筑哲学这座桥梁到达马克思主义哲学。

## 4.11 文艺理论

文艺理论是指文学艺术借助语言、表演、造型、肢体语言、文字等手段塑造典型的社会形象，反映社会生活的意识形态，归于社会意识形态，包括诗歌、散文、小说、电影、戏剧、音乐、舞蹈、绘画、曲艺、雕塑等。文学是语言艺术，文学艺术活动包括所有的艺术活动。文艺理论是以人为研究对象，实际上是针对整个客观世界，人的主观实践与客观实际相互作用。整个社会崇尚真、善、美，厌恶假、丑、恶，是文艺理论重点研究的对象。文艺理论通过美学这座桥梁到达马克思主义哲学。

这十一大现代科学技术体系是钱学森经过几十年的科学实践探索研究，对世界各种科学技术部门分类法深入研究而取得的成果。该体系分析了18世纪瑞典植物学家林奈的动物、植物分类法，林奈以动、植物的外部特征提出界、门、纲、目、属、种的物种分类法；拓展了19世纪恩格斯按照物质运动形式区分自然科学各门类的方法；深化了20世纪毛泽东关于矛盾的特殊性区分各个科学领域的思想。这十一大现代科学技术体系分类法从根本上拆除了以往的各门科学技术互不往来的阻隔，使各门科学技术相互作用、相互联系、相互融合，揭示了辩证唯物论的马克思主义哲学的思想真谛。辩证唯物主义是马克思主义的核心思想，也是自然科学、社会科学以及人类社会的普遍发展规律，反映了所有科学的共同规律，所以，马克思主义哲学是现代科学技术体系十一大部门的最高概括。钱学敏教授在《钱学森科学思想研究》一书中指出："各门科学技术通过各自的桥梁与马克思主义哲学相通，而这十架桥梁分别概括了十大科学技术部门中带有普遍性、原则性、规律性的东西，它们共同作为马克思主义哲学的内容和基石。因此，各门科学的理论与实践必须以马克思主义哲学为指导，而马克思主义哲学的丰富与发展，也必定离不开所有科学技术的研究成果。"（注：1996年6月钱学森提出将建筑科学部门列入现代科学技术体系之中，改十大现代科学技术部门为十一大现代科学技术部门）科技史的发展已经证明这一点。1846年9月23日，法国人勒维列根据开普勒定律发现了海王星。恩格斯谈及此事时感慨地说：哥白尼的太阳系学说有三百年之久一直是一种假说，这个假说有百分之九十九、百分之九十九点九、百分之九十九点九九的可靠性，但毕竟是一种假说。而当勒维列根据这个太阳系学说所提供的数据，不仅推算出这个行星的位置，而且后来加勒确实发现了这个行星的时候，哥白尼的学说被证实了。

英国人哈维1628年出版了《心血运动论》一书。其发现了血液循环，证实了人体内的血液是循环的。恩格斯认为："哈维发现了血液循环而把生理学（人体生理学和动物生理学）确立为科学。"

英国人波义耳1662年发现了著名的"波义耳定律"，出版了《怀疑的化学家》一书。他认为："化学应当说明化学过程的物质结构，元素就是再不能分解的物质，近代化学出现了。"恩格斯说："是波义耳把化学确立为科学。"

自然科学发现、发展丰富了马克思主义学说，而马克思主义哲学为以后的自然科学和社会科学研究指明了一条正确的道路。钱学森十一大现代科学技术部门的科学体系就证明了这一点。钱学敏教授说："钱学森曾经以天文学、物理学、力学等为例，说明十大科学技术部门与马克思主义哲学的关系。他说：'目前我们所认识的空间总是有限的，但一直在不断地扩大，先是我们的周围，然后到地球，再到太阳系，再到银河星系，再到今天还在膨胀中的我们所在的"小宇宙"。我们能"摸到"的今天就到此为止，但不能说宇宙是有限的，那不符合马克思主义哲学关于有限无限辩证统一的观点。在"小宇宙"之外，天外有天，不能坐井观天。这本来是从自然科学技术这一大部门得到的认识，但一旦上升到自然辩证法这架桥梁，而且过桥到马克思主义哲学这一殿堂，就成为指导其他部门的、带有普遍性的理论。'因此也可以看出，钱学森所理解的马克思主义哲学，不仅是对自然科学和社会科学的概括和总结，也是对十大科学技术部门，以至于更多的科学技术部门的概括和总结。”

从现代整个科学技术体系来看，不仅有基础理论、技术科学和工程技术，还包括前科学。这十一大科学技术体系的构建，把马克思主义哲学与现代科学技术有机地联系起来，赋予了马克思主义哲学更加鲜明的科学性。山水城市的构建就是建立在这科学性的基础之上的，这种科学技术的系统理论为我们创建山水城市指明了一条科学方向，也为我们创建山水城市科学体系打下了基础。山水城市的系统工程就是在十一大科学技术体系里“集大成、得智慧”，用科学的智慧、合理的方法、合情的手段去创建山水城市，根据不同的地域、不同的城市、不同的条件、不同的民俗文化，因城制宜。

系统工程本身就是一种管理的科学，它不同于传统的组织管理，所不同的是系统工程要在整个科学技术系统之上，集古今中外科学知识，采用严谨的科学方法。马克思认为：“一种科学只有成功地运用数学时，才算达到了真正完善的地步。”运用数学模式实际上就是一种严谨的科学方法。

系统工程为我们创建山水城市提供了一种科学方法和理论。我们必须尊重这种科学，应用科学的手段掌握科学方法，这是我们唯一要遵循的路。因为城市是一个复杂的巨系统，山水城市就是在复杂的巨系统中去创建一种新的城市模式，只有观念的创新，才能跟得上模式的创新。钱学森就认为：“科技创新与组织管理创新有机结合起来，才能体现综合集成创新，这是系统工程思想的集中体现。”从中可以清楚地看到，山水城市的创建不但要有尊重自然生态，尊重历史文化，重视科学技术，更重要的是掌握系统工程的科学精髓，深刻理解现代科学技术体系的内涵，钱老这些科学思想都是在家中与专家学者讨论而产生的智慧（图4-3），我们要加倍珍惜和掌握，因为它是创建山水城市的科学根基。

□ 图4-3 钱学森（钱学敏拍摄）

# 第5章 山水城市科学体系

“认识客观世界的学问就是科学，改造客观世界的学问就是技术。”这是钱学森总结古今中外科技史和哲学史的科学观。科学是认识客观世界规律的理论，技术是改造客观世界的手段。这就证明我们在改造客观世界时要有一个科学理论作指导。城市规划建设是我们改造客观世界的建设手段，城市学是我们认识客观世界的基础理论。创建山水城市是要有一个科学理论作指导，不然我们会走偏，认为“挖水堆山”就是创建山水城市，“植树造林”就是构筑山水城市。山水城市科学体系的建立就是帮助我们纠正观念上的误差。

人们在改造客观世界的同时要认识科学理论的重要性，我们可以从人类科技史的发展来验证这一点。18世纪俄国人门捷列夫发现了化学元素周期律，在他之前戴维、本生、基尔霍夫已经做了许多实验，发现了许多元素。开普勒从他的老师第谷手中接过七百颗恒星的观察资料，他并没有遵师嘱再去观察第一千颗星，而是做了深入的理论研究，终于发现解释宇宙的三定律。勒维烈根据开普勒的理论准确推算找到了海王星。在研究元素的过程中，人们使用了光、电、分馏法，这些都不够用了，化学需要有一个科学的理论作指导。1879年瑞典人尼尔森发现了钪，这是门捷列夫曾预言的“类硼”。1886年德国人温克莱尔发现了鍺，这是门捷列夫曾预言的“类硅”。尤其是鍺的发现和门捷列夫的预言相当吻合，门捷列夫说鍺的原子量可能是72，温克莱尔说；测得是72或73，门捷列夫说，鍺的比重是5.5；温克莱尔说，是5.47；门捷列夫说，新元素氯化物比重是1.9；温克莱尔说，是1.887。门捷列夫的预言和他发现的元素周期律，证明一个科学的理论能正确指导实践。后来发现的氦、氖、氩、氪、氙、氡，都在门捷列夫元素周期律中排队，元素周期表天衣无缝地为以后人们对化学的研究指明了一条光明大道。元素周期律的发现，说明实践产生理论，理论指导实践，理论又在实践中得到验证，也证明了实践是检验真理的唯一标准。

我们知道屈原、泰勒斯、毕达哥拉斯、德谟克里特先知们从宏观的哲学角度提出了世界是什么，而后是一批批实验科学家一点点去探寻：第谷观星、伽利略研究运动、戴维找元素、法拉第找电和磁，他们就像大海里捞针一样，没有目标地辛苦钻研。但实践一段后，各个学科都相继产生了理论，在实验物理学家、化学家以后又出现了理论物理学家、理论化学家。这就有了开普勒的三定律、牛顿的万有引力、麦克斯韦的电磁理论和门捷列夫的元素周期律。有了这些理论，科学家们就有了一张寻宝图，有很多研究就不是漫无目的地盲从了。勒维烈坐在家里就推算出了海王星，门捷列夫坐在办公室里就推算出了十几种未知的化学元素。后经科学家们在实验室、天文台证实，这些都显示了科学理论的正确指导作用。历史证明只有正确的科学理论才能指导实践，在改造客观世界的同时才不会走弯路，不会给国家和社会造成不必要的浪费。我们创建山水城市就是要总结人类的发展史，首先要有一个科学的理论作指导，总结城市发展的历史经验与教训，我们才会少走弯路，以至于不走弯路。

山水城市的创建是一个系统工程，山水城市系统工程科学思想表现在现代科学技术十一大部门体系中，整个科学技术体系是人类文明的结晶。从应用技术到基础理论分为四个层次：第一层次为应用技术，也就是工程技术，这是人们改造客观世界的学问。第二层次是技术科学，这是为第一层次提供理论基础，根据钱学森的论断“认识客观世界的学问是科学，改造客观世界的学问是技术”，所以，技术科学直接为工程技术提供理论支撑。第三层次是基础理论。这十一大科学技术体系通过各自的桥梁到达高度概括的马克思主义哲学——辩证唯物论，整个科学技术体系包括自然科学、社会科学、数学科学、系统科学、思维科学、人体科学、地理科学、军事科学、行为科学、建筑科学和文艺理论（第4章图4-1）。其中系统科学纳入十一大科学技术部门之中，因为系统科学是由系统工程的工程技术，系统工程的理论基础，如运筹学、控制论和信息论技术科学构成的。钱学森指出“系统工程是组织管理的技术”，其中建筑科学这一部门明确指出是通过建筑哲学才能到达高度概括的马克思主义哲学——辩证唯物论。实施山水城市系统工程必须遵循十一大科学技术体系，既要有城市规划的基础理论——城市学，又要有城市学的理论基础——数量地理学。因为它们是构建山水城市的科学体系。钱学森认为：“在我们这方面就是从城市规划——城市学——数量地理学这样一个城市的科学体系。我们要搞好城市建设规划发展战略，就有必要建立这样一个科学体系。”

城市学就是创建山水城市的科学体系的基础理论，它也是城市科学的基础理论，因为城市学就是城市科学的科学。根据中国建筑学会原编辑工作委员会副主任、高级建筑师顾孟潮对城市学的研究成果，他认为：“与城市科学有关的新学科达30多种：1.城市建筑学；2.城市规划学；3.城市地理学；4.城市历史学；5.城市考古学；6.城市管理学；7.城市社会学；8.城市生态学；9.城市经济学；10.城市社会调查；11.方志学；12.景观生态学；13.城市设计学；14.城市气候学；15.市政学；16.城市文学；17.城市民俗学；18.城市交通学；19.城市防灾学；20.城市园林学；21.新城社会学；22.城市心理学；23.城市美学；24.城市人口学；25.城市文化学；26.城市犯罪学；27.城市法学；28.城市建设经济学；29.城市生态经济学；30.城市房地产经济学；31.城市生活方式研究；32.城市环境质量评价；33.城市环境艺术等。”根据钱学森的科学论断“认识客观世界的学问就是科学，改造客观世界的学问就是技术”，我们可以把这些学科分为自然科学、社会科学、地理科学、美学和建筑科学等。现代科学技术体系为我们认识客观世界和改造客观世界指明了方向。城市建设科学体系为我们创建山水城市奠定了理论基础，从城市规划到城市学再到数量地理学，这是一条科学之路，我们要遵循这条大路走下去，中国的城市才会建设得更加美好。

建立山水城市系统工程科学思想，首先要了解城市本身是一个复杂的巨系统，处理这样复杂的巨系统必须采取综合集成思想和综合集成方法，因为这是构建山水城市系统工程的科学。吴良镛院士就认为：“我们与过去一般的观点和做法的不同在于，复杂性科学认为，世界不具有简单的统一性，即所谓世界可以分为许多小的部分，如果将每一个部分研究透了，最后叠加起来，问题就能得到解决（这种理论的基础就是还原论）；而复杂巨系统具有开放性、复杂性、层次性、相互关联性，甚至互为前提性等这些特征，因此考虑问题的着眼点、立足点就不是孤立地从某一个方面、某一个学科、某一个角度，分门别类地就事论事。”还原论方法处理不了城市的复杂巨系统问题；同样的道理，还原论方法也处理不了系统整体性问题。从系统的角度来看，把系统分为单独部分来研究，这就把系统的关联性切断了，把部分系统研究透了也解决不了系统整体性问题。山水城市的科学体系就有几十个学科，我们不能单独研究某一个学科，必须用系统工程科学思想研究问题，也就是用整体论去研究问题。整体论与还原论都有各自的优势，整体论具有各个部分所没有的特性，事物的整体是有机的整体，与其他部分有着关联性、制约性和互通性。整体论认为，任何事物都不是孤立存在的，都与周围事物有着千丝万缕的联系。山水城市系统工程科学思想就是教我们将整体论与还原论辩证统一起来，这是处理山水城市复杂问题的科学方法。钱学森创建的系统科学思想，目的就是要解决社会主义现代化建设中的复杂问题，他的学术小组研究整体论与还原论辩证统一的方法，其目的也在于此。钱学森晚年的学术思想非常活跃，与学术小组经常探讨科学前沿课题（图4-3）。山水城市的创建必须掌握钱老的系统科学思想，因为它是解决城市复杂巨系统问题最有效的科学方法。

山水城市系统工程科学思想指导我们，既要有城市规划的理论基础——城市学，又要有城市学的理论基础——数量地理学。它们是创建山水城市的科学体系，这个科学体系教我们既要重视事物整体论，又要尊重事物的还原论，做到综合集成的整体论和还原论的辩证统一。只有这样，山水城市的科学体系"城市规划—城市学—数量地理学"才能有的放矢地去创建山水城市。

## 5.1 城市规划

这是实现一个区域的城市经济和社会在一定时期内发展方向和目标的技术手段。在确定城市的性质、规模和特点的发展方向的同时，合理利用城市土地资源，合理协调城市发展空间格局，合理利用和保护自然生态和文化遗存，规划出适合人类宜居的城市。城市规划是建设城市和管理城市的依据，确保城市自然资源和文化资源合理有效配置，城市土地的合理利用是实现城市经济和社会发展目标的重要依据。城市规划要有发展眼光，要经科学论证和专家决策来统筹，因为城市规划是城市管理的先决条件。城市运行要靠管理，管理要有科学的城市规划。城市是一个复杂的巨系统，所以我们必须要用系统工程科学思想来规划和管理城市。

### 5.1.1 城市学

这是城市规划的基础理论学科。城市是一个复杂的巨系统，是人类政治、经济和文化活动的中心，是自然科学和社会科学融汇的中心。在研究城市的产生、运行、发展和管理城市发展规律上必须要既有科学理论又有科学依据，城市学可以说是任何学科都无法替代的学科，所以，城市学是城市科学的科学。因此，城市性质、城市建设、城市肌理、城市发展规律、城市管理、城市地位、城市与城市关系、城市经济、城市人口、城市交通、城市文化、城市生态、城市环境等都是城市学研究的课题。

### 5.1.2 城市建筑学

这是指专门研究城市建筑规则和建筑特点，以此来进行城市建筑设计的学科。城市建筑学所要设计的城市是指城市的建筑特点、形式、质量和功能是否能满足城市居民日常生活需要以及文化生活的需求。而城市建筑学要从美学价值来规划设计城市的整体格局、建筑特点和城市风格。所以，城市建筑学是哲学和美学在城市建设中的展示。

### 5.1.3 城市规划学

城市是人类社会政治、经济和文化发展到一定阶段的产物，所以，城市是人类文明的结晶。城市有独特的民族性和文化特征，中国城市的发展也有其独特的品格。城市规划学就是研究城市的这一发展规律。城市空间的合理布局以及合理安排城市各项市政工程，合理利用土地资源和自然资源，尊重保护城市历史文化遗存，是城市发展蓝图的重要组成部分，是城市建设和管理运行的依据。

### 5.1.4 城市地理学

城市地理学是研究城市的形成原因、发展规律、空间结构、地质构造和自然资源的学科。从空间构造上研究城市与城市的功能结构、层次结构和地域结构。城市地理学与经济地理学、人口地理学等学科关系密切。因为城市是以人为主体而形成的复杂巨系统，所以城市地理学要通过实地调查、历史文献查阅、历史文献比较、自然地理分析和文化遗产研究，要用自然科学和社会科学综合分析，采用交叉学科对城市进行研究。城市是一个动态的复杂巨系统，所以，城市地理学要采用从定性到定量的综合集成方法来研究，才能科学地为城市发展服务。

### 5.1.5 城市历史学

城市历史学是指专门研究城市的形成和发展的动态过程。针对城市社会的政治、经济、文化、民俗和历史变迁，采用系统工程综合集成研究才能找出城市的发展规律，以此为城市学研究指明方向。城市历史学不同于地方志学，它是研究城市动态变迁的，把城市作为一个社会整体来研究，研究对城市的形成、人口的变化、历史的变因和城市经济结构的兴衰对其的影响。城市的社会组织、城市的管理运行、城市官方和民间的活动，城市的文化生活、城市与城市之间的关系、城市建设与土地资源的利用、自然资源和气候对城市的影响，这些都是城市历史学研究的范围。城市地理学和城市经济学也是城市历史学研究的对象。城市历史学的研究，可以为我们提供城市历史文化资源，为我们创建山水城市提供可靠的依据。科学保护文化遗存，合理利用自然资源，合理协调空间格局，创建有地方特色的山水城市非常重要。

### 5.1.6 城市考古学

这是对古代城市的产生、发展、兴衰和演变的学科。它不仅是对古代城市的认知，也对现代城市的规划设计和建设提供佐证。在考古史上已经证实中国的古代城市与欧洲古代城市有着本质的不同。欧洲古代城市虽然有宫殿、教堂、公共建筑，其性质是以商业和市场为主。中国的古代城市也有宫殿、庙宇和公共建筑，但是以政治为中心。从考古史上就能看出，资本主义为什么在欧洲兴起，经济的繁荣昌盛催生了文艺复兴，文艺复兴反过来又促进了城市繁荣发展。欧洲的文艺复兴为人类文明作出了贡献。中国古代城市是以政治为中心而兴起的，这是中国的封建社会能延续几千年的原因，从古代城市考古史中就能窥见不同城市的发展规律。城市考古学对创建山水城市有着珍贵的历史参考价值，我们必须尊重历史、尊重自然、重视现代科学技术的发展，才能不偏不倚地建设好山水城市。

### 5.1.7 城市管理学

城市是人类文明的集聚地，不论是农业文明还是工业文明在城市空间里都承载着政治、经济、文化活动的要素。城市的建筑、交通、环境、资源、居民、气候、民居、公共卫生、文化娱乐、学校教育、医院、气候、防灾等都是城市管理学研究的范围。城市是一个复杂的巨系统，城市管理者面对这样一个复杂的城市系统，只有科学地管理城市才能良性运行。城市在人类几千年文明史中，从形成、发展、繁荣的过程来看是有其规律性的。人类自有城市以来，不同地域的城市有着不一样的运行方式和管理理念。城市管理学实际上就是管理的科学，我们要用钱学森的系统工程方法，将城市的复杂系统进行建模、仿真、分析、优化，从定性到定量的综合集成法是行之有效的管理学。城市规划建设、交通运输、公共卫生、教育娱乐、民居工业、遗存保护、资源管理、土地利用等都可以采用系统工程科学方法为决策者提供依据。

### 5.1.8 城市社会学

城市社会学是以城市社会为研究对象的学科，城市的起源、形成、兴衰、发展、格局、结构、功能、民俗、民居和居民生活方式与心理活动、社会组织、城市运行与管理、城市规划设计都是城市社会学研究的范围。城市是一个复杂的巨系统，城市社会学就是在这个复杂巨系统中研究它们之间的关系及相互影响，以此寻找最科学的方法解决城市发展中存在的问题。以求科学解决城市历史中存在的难题。对城市的未来发展提出有针对性的论断，这是城市社会学真正的内涵。我们提出的“人类命运共同体”的概念是在全人类“求同存异”的前提下实现的。系统论是研究城市社会学的理论基础，系统建模、仿真、分析、优化是研究城市社会学的四步棋。运用系统论的方法对城市的内部结构、社会结构、经济结构诸多要素和它们之间的相互关系进行比较分析，以此推动城市健康向前发展。

### 5.1.9 城市生态学

城市生态学是指城市的现状对人类的经济活动、文化活动和政治活动的反映，城市现状指的是自然资源，包括土地资源、水资源、交通状况、历史文化遗存、经济指标、文明程度、居民素质等。城市生态系统的复杂性，对城市持续平衡发展提出更科学的要求。如城市的土地资源是不可再生的，无序扩张就会对城市的发展造成严重后果，致使城市资源短缺，如水源枯竭、环境污染、交通堵塞等，对城市生态系统的破坏是城市经济建设和运行管理的一大病根。城市生态学要研究城市环境与经济发展的关系、居民与政府运行管理的关系、交通与城市规划建设的关系、资源与发展的关系、城市与城市的关系、自然环境承载力与生态链的关系，只有理顺城市生态系统的结构，协调与生态系统的关系，树立“天人合一”的生态理念，才是城市可持续发展的城市生态学。

### 5.1.10 城市经济学

城市经济学是研究城市的形成、繁荣、发展、兴衰和城乡融合的经济关系，城市发展过程中的经济规律，以及城市内外经济活动中的生产关系的学科。城市经济学用经济分析手段研究现象和城市经济发展状况，重点是探讨城市经济规律和城乡经济融合的相互关系。其主要的研究对象有：城市的经济结构、城市的内部结构、城市的公共设施、城市的人力资源、城市的环境和城市的自然资源。城市经济学分为理论城市经济学和应用城市经济学，前者从理论上研究城市经济活力，主要有城市发展理论、资源合理分配、空间格局合理、城市规模适度，这是城市规划设计发展前的基础课题。后者注重研究和解决城市实际问题，如城市交通、改善城市居民居住环境、城市居民就业问题等。所以，城市经济学是为城市经济和城市管理服务的应用科学。

### 5.1.11 城市社会调查

城市是人类文明的结晶，历史文化的集聚地，经济发展的策源地。城市迅速发展是一个国家经济实力的表现，要发展城市的成因从城市社会调查课题就可以看到：①城市规划建设现状。②政府管理体制与运行机制。③市政建设与公共服务设施。④自然资源与文化遗存合理保护利用。⑤企事业单位运行现状。⑥城市交通。⑦居民居住条件与城市发展的矛盾。⑧城乡发展相互矛盾。⑨居民教育与文化生活。⑩城市与城市的关系。城市社会调查不但可以了解城市的现状，也可以为规划城市的发展提供翔实的资料，从而确定城市发展的定位。

### 5.1.12 方志学

方志学是记载一个城镇的地理、历史、山川、河流、物产、民俗、经贸、文化等地方志书，如县志、府志。方志学是以方志为研究对象的科学，它属于地理性质的书籍，还是历史类的书籍一直争论不休。我国最早具有方志性质的书是《越绝书》，后又有《荆州志》《华阳国志》《热河志》等，这些都是记载一个地方自然、经济、历史、文化、人物、风俗、饮食、灾害、气候、物产、山川、河流等。方志学对于研究城市发展轨迹有着重要的参考价值。

### 5.1.13 景观生态学

景观生态学是研究一个区域的生态系统，通过生物和非生物与人类之间的相互作用，运用生态系统的原理和系统工程方法研究景观结构和功能、景观动态变化以及生态系统中的作用、景观美化格局、优化结构、协调自然和保护自然的一门学科。从其定义中可以看出结构生态学是地理学和生物学等学科组合而成的，它们之间相互作用形成景观生态学。生态进化与生态演替是景观生态学研究的方向。达尔文提出生物进化论，改变了人们对生态系统的认知，生态系统与人类生态息息相关。由此可见，我们不能轻易地改变自然规律，一定要遵循“天人合一”的自然观。

### 5.1.14 城市设计学

这是关于城市的规划布局、城市风貌、城市功能和城市公共空间的一门学科。它是城市规划、城市设计的理论基础，它的研究范围包括城市规划、景观建筑、城市工程、城市经济、城市管理、城市环境、资源保护和利用，因此，城市设计学是一门复杂的跨领域学科。

城市设计学不同于城市规划和城市设计的具象图纸数据，而注重城市各种资源的合理布局与利用，如建筑、交通、公共设施、山水资源合理利用、绿化植被、文化遗存保护等。综合了城市工程学、城市经济学、城市管理学、城市社会学、环境心理学、人类工程学等，因此，城市设计学是一个多维空间解决城市立体系统的科学。城市设计是一个复杂的综合学科，不同建筑设计对一座单体建筑设计，要考虑一个城市的综合因素，因此，城市设计学必须要有坚实的基础理论。

### 5.1.15 城市气候学

城市气候学是研究气候的特征、变化和形成原因的大气科学。城市气候不同于山村乡野气候，有其独立的特点。当一个区域的气候经过城市时，由于人类活动的原因和城市热岛效应，形成一种独特的气旋，这种气候对城市的发展带来了一定的影响。城市气候学的研究对城市规划设计有着指导意义，如城市的绿化和城市的通风廊道的设计，对城市的气候都有影响。气候学本身是研究气候的特征、形成、变化以及人类活动的相互关系的一门学科，是大气学和地理学的综合性科学。随着人类活动的加剧和城市的无序扩张，形成了一种独特的城市气候学。因此，城市气候学与城市规划和城市设计有着密切的关系。规划师与建筑设计师如不了解气候学，很难设计出宜居可持续发展的生态环保城市。气候学家如不了解城市规划和设计，对城市发展影响局域气候很难作出准确的判断，所以，城市气候学是一门综合性科学。

### 5.1.16 市政学

市政学是市政管理学的简称，它综合了政治学、经济学、文化学、管理学等学科的优势，是政府行政机构按照法律赋予的权力对城市社会公共事务进行有效管理。

市政学主要研究城市政府机构对城市公共事务和公共事业的管理。其中有城市规划的制定与实施，城市基础设施的建设与管理，城市公共事业建设与管理，城市自然资源和文化遗产的保护和利用。市政学主要研究市政主体，即市人民政府、人民法院和人民检察院、组织体系、权限职责、管理范围等。研究市政客体；即市政府对公共事务的管理、城市规划的制定与实施、公共设施的建设与管理、城市治安、城市税收等各类公共事业。市政学还要研究市政管理的对策与规律，即市政主体如何对客体有效管理，解决各类市政问题是市政学研究的最终目的。

### 5.1.17 城市文学

城市文学是指以城市生活和居民为主要表现对象的文学。其特点表现了不同阶层的城市居民生活、城市风貌、市井民俗的印象，不同于乡村村民的生活状态，城市文学有着浓厚的商业色彩、民俗色彩，功利性、世俗性和娱乐性构成了城市文学的核心内容。

城市文学是由民间文学发展而来的，作品多取材于现实生活，如对于横征暴敛的财主，独断蛮横的封建统治，市民揭竿而起，杀富济贫，除暴安良。城市文学在文学史中非常有代表性，反映出城市的政治、经济、文化生活现状，是一种重要的文学类型。

### 5.1.18 城市民俗学

城市民俗学是民俗学的一种类型。随着城市化的不断发展，城市生活逐渐成为人类生活的主流模式，随之而来的民俗也城市化。民俗学是研究民间风俗习惯和文化生活传承的社会科学，城市民俗学就是研究城市的这种风俗习惯和文化生活。研究对象就是社会中的种种民俗文化现象。民俗文化现象是一种社会生活，其中人类的婚、丧、嫁、娶、食等都是这种社会生活的表现。随着城市化的发展，民俗学的主要研究对象也随之改变。城市化的改变也使这些民俗现象城市化了。民俗学研究还注重实证和田野调查，这是民俗学研究的基本依据。保护和传承非物质文化遗产也是民俗学研究的重点。城市化的快速发展为民俗学研究提出了一个崭新的课题。城市民俗学更应注重文化的传播，用比较法来研究才能对民俗学有更大的发展。

### 5.1.19 城市交通学

城市交通学是城市交通的规划、设计、运行、管理、调控的综合性学科，是针对政治、经济、文化、自然地理、人口环境等社会科学研究的学科。这是跨学科的复杂系统，必须采用系统论方法来研究城市交通学。其目的就是服务于城市居民，建设一个高效、安全、低耗、环保可持续发展的城市交通体系。

城市交通网络和运行组织管理是城市交通学研究的重点，因为城市交通是服务于人民的，随着城市的快速发展，交通网络格局也随着变化。城市交通学的另一个研究中心是城市发展公共交通能否择优配置资源，构建城市发展需要的现代信息网络，适应城市快速增长的开放空间，符合城市经济社会发展的需求。合理利用城市土地资源，保护好城市文化遗存，这都是给城市交通学提出的新课题。

### 5.1.20 城市防灾学

城市灾害包括自然灾害和人为灾害，其中灾害源、至灾肌理、减灾、防灾是城市防灾学研究的学科。这是城市在制定规划和建设时必须考虑的课题。自然灾害主要是地质灾害，如地震、火山爆发、山崩、山体滑坡、泥石流、地面塌陷；气象灾害，如暴雨、暴雪、洪涝、冰雹、台风、雷电、干旱、高温、低温；生态环境灾害，如雾霾、沙尘暴、大气污染、温室效应、水土流失、人口膨胀；生物灾害，如病虫害、急性传染病；工程灾害，如房屋倒塌、交通事故、核泄漏、水库溃坝。这些都是城市灾害学研究的课题。城市建设和发展都面临着这样的灾害，我们要直面对待。对自然灾害我们要有预案，人为灾害我们要有预防。

### 5.1.21 城市园林学

园林学是研究如何合理利用自然元素和社会因素创建人们宜居环境的学科。其中园林史、园艺史、植物、美学、园林建筑是园林学研究的主要学科。在营建园林中，筑桥修路、改造地形、叠石堆山，引水挖湖、造亭建廊、莳花植草要用到地理学、生态学、植物学、建筑学、土木工程和美学理论。所以，园林学的内涵和外延都非常丰富。世界上不同的国家和民族文化有着不同风格的园林，西方文化与东方文化在园林史上影响着各自的园林风格。东方园林富有哲理的自然园林，以中国园林为代表。西方富含情理的几何园林影响欧洲园林史。中国园林形成“虽由人做，宛自天开”的诗情画意。西方园林以古希腊为代表的规则方整的柱廊园林，代表欧洲人的浪漫情怀。园林史、园艺史、植物学、园林工程、园林建筑、园林美学是城市园林学的必修课。中国园林艺术与诗书画艺术是相通的，园林如画，园景似诗，诗情画意是对中国园林美学的诠释。

### 5.1.22 城市心理学

城市心理学是研究人与社会为满足城市生活，寻求精神文化的需求，构建人类宜居、安全、美丽、和谐的城市的科学。城市居民的社会生活会对人类的心理状况产生深刻的影响。心理学是研究人类心理现象、精神功能与行为的科学。包括基础心理学和应用心理学，其研究都涉及知觉、认知、情绪、思维、人格、行为习惯、人际关系、社会关系等。由于城市生活对人类这些基本状况都产生了深刻的影响，城市心理学对这些基础科学的研究要注重城市居民心理的研究。人的生活方式的改变对人的心理机能也有所改变。随着城市化的飞速发展，人类的生活方式的改变，围绕城市心理学旧有的基本概念已经不适应了。在理论和研究方向上，对城市的发展要有更深入的研究，城市心理学的研究方向才能有所发展。

### 5.1.23 城市美学

城市美学是一个综合性的学科，研究范围涵盖城市文化和城市文明。城市的自然化和自然化的城市是城市美学追寻的目标。城市的自然化就是希望人类尊重生态规律，遵循自然法则，不要肆意破坏自然山水而无序地扩建城市的规模。自然化的城市就是要求人类要约束自己的行为。人类的智慧和能力足以摧毁大自然，但无法抗拒大自然的报复，这就是城市美学要研究的课题。

城市是人类文明的结晶，也是人们审美的展示平台。城市建筑、城市道路、城市文化、城市公共文化设施及城市与自然的协调关系等这些内涵和外延都是城市美学研究的对象。美学属于哲学范畴，对美的审视与修养能反映出城市的文明程度。

### 5.1.24 城市人口学

城市人口学是研究城市的发展与变化，根据人口增加与迁移所带来的政治、经济、文化、环境、治安等一系列的社会问题，规划设计城市的一门学科。城市人口学是了解城市变迁、发展、兴衰的科学，可以从自然因素、经济因素、政治因素、文化因素来研究城市的发展，因为这些都影响着城市人口的数量与质量。自然因素包括地理位置、土地资源、地形地貌、气候、水源等，经济因素包括交通、开发区、通信、医疗卫生等，政治因素包括国家政策、市区建设等，文化因素包括文化教育、大学城、旅游景区、图书城、博物馆、科技馆等。

以上诸多学科是城市学的基础理论，我们只有很好地掌握基础理论才能建设好城市。城市是人类文明的结晶，文化展示的平台。文明是凝固的文化，文化是活跃的文明。城市学就是将凝固的文明变为活跃的文化，以启迪人们尊重自然规律、尊敬人类文明，创建宜居、环保、持续、美丽的山水城市。从城市学的内涵和外延来看，自然科学和社会科学融合的学科是城市学的内涵。城市美学虽属于外延，但其是城市学研究的重点。人们的审美情趣、设计师的审美观点、城市主管的审美修养都决定了城市的发展方向，决定了城市的性格、品格和风格。原全国政协委员、国家文物委员会委员、高级建筑师郑孝燮就认为：“城市的个性特色，应当由山水城市的性格、品格和风格共同形成。性格，主要靠先天因素，取决于地理条件及历史渊源，民族的或地方的自然因素。品格，属于后形成，山水城市的性质地位（指级别）、规模、形制、标准等这些由国家政策、法律和社会条件所决定，这些都与政策品格有关。风格，指以建筑为主，所表现的空间布局的风格特色，山水城市的建筑风格需要有风貌基调为主导，在‘中而新’为基调的基础上创建建筑风格多样化。”

城市既然是人类文明的结晶，就应当有地方性和民族性。人类文明是世界各国人民共同创造的财富。不同的地理条件，不同的民族习惯，不同的生活方式造就了不同的城市性格。城市性格并不是一蹴而就的，而是历经几百年，几千年的日积月累而形成的。东西方文化的不同而形成的城市风格各异，各民族特色的城市都代表着各自的民族精神。

城市性格：构成城市的性格有以下几个因素：城市所处的地理位置和自然环境；城市的历史渊源和民族文化；城市的经济和政治影响力，这些是形成城市性格的先决条件。春秋战国时期的管子在《管子· 乘马》中就记载了建城选址的条件：“凡立国都，非于大山之下，必于广川之上；高毋近旱，而水用足；下毋近水，而沟防省；因天材，就地利，故城郭不必中规矩，道路不必中准绳。”两千多年前人们就知道建城选址高不要在大山之下，要选大河之旁，以保障城市生活用水的充足。低不要近于水潦，以节省堤坝的修筑。要依靠天然资源，借地势之利。所以构筑城池不必拘泥于方圆规矩，道路修筑不必拘泥于平直。我们的先辈们在建城时就知道尊重自然，与自然生态和谐相处，形成“天人合一”的理念，这是中华民族的精神支柱。因为城市的性格也就是一个民族的性格。

城市风格：这是指城市建筑有区域特色，有地方特点，有民族特征，城市的风格反映出城市的性格，城市的性格是城市风格的根基。从北京城的修建就能看出城市的性格。自西周建蓟以来，历代王朝都在此建重镇。燕、辽、金、元、明、清在此建都，是一个有着3000多年建城史和800多年建都史的历史文化名城。从北京城的选址、规划、修筑中都能看出城市的性格。据《古今图书集成·考工典·城池》记载：“顺天府城池（北京城），元至元四年建，名大都城，明永乐七年迁都于此。十九年即营宫室，爰拓城墉。周围四十里，高三丈五尺五寸，广六丈二尺，门九，南曰正阳、曰崇文、曰宣武，东曰朝阳、曰东直，西曰阜城、曰西直，北曰安定、曰德胜。嘉靖二十三年筑重城以卫之，即今外城，三面共二十八里，高二丈，广如之。门七，南曰永定、曰左安、曰右安，东曰广渠，西曰广宁。其拓出于东西隅而西北向者，东曰东便，西曰西便。内城九门，各有月城及门楼一座。月城外面各有敌楼一座，三面各开礮门四重，四隅角楼与敌楼规制同外城如之。池则玉河分流环绕，雉堞入经大内复出注入大通河，水势蜿蜒天然。”元朝建都由刘秉忠、郭守敬设计，采用堪舆学的山水理念，引玉泉山泉水入城，汇入通惠河。玉泉山泉水引自都城的西方，西方在八卦中是“金”位，故河水又叫金水河。明朝迁都北京后，都城宫殿、宫墙又大规模地修建。北京城的风水格局是以南京故宫为蓝本修建的，以星宿布局来改造北京故宫。中国风水学把天空分为太微、紫微、天帝三垣，紫微垣为中央之中，是帝王居住处，所以明朝将北京故宫称为紫禁城。紫禁城在色彩上采用中国古代五行说，宫墙、殿柱用红色，红色属于火，有光明正大寓意。屋顶用黄色，黄属于土，土为中央，皇帝居中。故宫东部屋顶为绿色，绿色为木，木属于东方，用于皇子居住。故宫的文渊阁屋顶是黑瓦、黑墙，黑色为水，水克火，利于藏书。北京城的建设基本以故宫为中心，居民在故宫四围以坊、铺为经纬设置建设四合院。由此可以看出，北京城的建设具有典型的中华民族的性格：内敛含蓄、恬澹朴实。故宫凸显了皇权的威严，民居透着勤劳朴素。中华民族勤劳朴实、英勇顽强、不畏强暴的性格在北京的建筑上彰显。尊重自然、敬畏生态在北京城的空间格局上表露出来。从北京城的性格和风格上就能看出北京城市的品格。

## 5.2 数量地理学

前面我们谈了城市规划和城市学，再加上数量地理学，这是创建山水城市的科学体系。数量地理学是钱学森创建山水城市的科学理论。他讲："把地球表层学、经济地理学，再加上一个定量的数学理论等几个方面加在一起，我又起了个新名字——叫数量地理学，看是否可以？这就又科学又定量。"数量地理学在山水城市创建中是一个非常重要的基础理论科学。我们必须先理解其学科体系结构，才能更好地理解数量地理学的重要性。自然地理学是研究地球表层的基础理论科学，研究对象是自然地理环境，地球表面的山、水、植被等。这些受人类活动影响和未受人类活动影响的都属于自然地理范畴。河流的改道，地震的破坏对人类活动都有影响。同时，人类活动，如无休止开发，无约束的扩建，超大城市的扩张等，对自然生态系统的破坏是无法修复的。人类生活的地球表面也是一个不稳定的地壳。地球板块的运动、地震等自然现象也影响着人类活动。这是地表与地下自然地理的影响。我们生活在地球上，地球存在于宇宙空间。除了地壳不稳定外，宇宙空间对地球自然地理环境的影响也是巨大的，如宇宙辐射、太阳风暴、陨石破坏、温室效应、臭氧层的破坏等。我们知道地球自然环境是人类赖以生存的空间，我们能够毁坏自然，但无法抵抗自然对人类的报复。在了解创建山水城市科学体系的同时，人类一定要有自知之明，要遵循中华民族“天人合一”的自然观。尊重自然生态系统的规律，尊敬自然地理环境的法则，与自然和谐相处，与生态和平共生，这是人类可持续发展的唯一出路。

## 5.3 地球表层学

地球表层学由自然、地理、生物学科发展而来，由于科技水平不断的提高，原来的自然地理学已经不适应当前社会发展的需要。我们原来讲的自然地理学指的是地球表面的山川、河流、生物分布及成因。地球表层学不只是研究地球表面的山川、河流、生物的分布，主要研究它在自然环境中地球表层各生态系统之间的能量、物质和信息的转换和动态规律，以及人与生态环境的相互作用及外部空间对地球表层和人类的影响。地球的表层构造、功能及演化是地球表层学研究的重点。

地球表层学是跨学科的综合科学，是将地理学、地质学、工农业生产技术、地理经济、国土经济等融会贯通而形成的学科。它又融合了严谨的自然科学和理性的社会科学，走向了更科学的科研之路。钱学森在1983年创建地球表层学时说：“地球表层学是跨地理学、地质学、气象学、工农业生产技术、技术经济和国土经济的新学科。”1986年11月12日，第二届天地生相互关系学术讨论会上，钱学森又提出：“地球表层学是地理科学的基础理论。”在前面讲的城市学属于理论科学，地球表层学既是自然地理科学的基础理论，也属于理论科学。我们传统讲的自然地理学是应用理论科学，应用理论科学包括地理学、地质学、气象学、水文学、生态学、资源学、地震学、环境学、人类学等，这些学科是地球表层学的基础理论。

## 5.4 经济地理学

经济地理学是研究经济活动区域空间组织与地理环境相互作用的学科，是研究以地域性为中心的人类经济活动，它是以人类经济活动的区域环境、空间布局和整个经济活动过程为基础的。人类经济活动包括生产、交换、分配和消费的经济活动。这些经济活动主要由物质流、商品流、人口流、信息流和资金流构成，我们统称为物流。可以说经济地理学有其自身的体系结构和系统工程。这种系统缺一不可，如有一项脱离于系统之外，经济活动都会受到影响。随着经济全球化的发展，经济地理学就要打破区域界限，要从全球的眼光来研究区域性、民族性、地方性和国民性。由于经济活动的过程将城市与城市、城市与乡镇、国家与国家通过经济活动联系起来，所以，经济地理学的研究有其特殊性。

经济地理学的特殊性表现在地域性和综合性上，地域性是经济活动的根本属性。因为研究的对象必须是在一定的地域空间上，不管是物质流、商品流、人口流、信息流、资金流，它们的流动过程都要落实到一定的地域。只有地域的不同，物流的过程是一样的。经济地理学研究的中心就是不同区域的经济活动规律。经济地理学主要研究的是经济活动的内容，包括我们常说的第一产业、第二产业、第三产业，所有这些产业都有其经济活动的区位。不同区位因地理环境各异而影响经济活动，所以，经济活动和地理环境的关系都是经济地理学研究的对象。前面我们谈了由于经济全球化，我们不能停留在20世纪30年代的地理环境决定论的思维方式上，要面对的是人与地理环境和地方与全球的关系理论的研究。区位地理环境的不同，如资源、人才等区位经济政策都是影响经济活动的因素。我国的改革开放政策，不单单是把国门打开，更重要的是经济政策的改革，将不同国家和不同区域的人才、资源、资金、技术吸引进来，我们既要适应世界不同区域的经济活动，也要让世界不同国家和区域的经济活动适应我们。习近平总书记倡导的“构建人类命运共同体”就是一个互补适应的过程。

## 5.5 数学理论

数学是研究数量、结构、变化和空间模型概念的一门学科。是人脑对现实对象的数量关系和形式的本质特征的一种反映形式，即一种数学的思维形式。在数学中，作为一般的思维形式的判断与推理，以定理、法则、公式的方式表现出来，而数学概念是构成它们的基础。正确理解并灵活运用数学概念，是掌握数学基础知识和运算技能，发展逻辑论证和空间想象力的前提。这是数学的概念。数学理论是指人们关于事物知识的理解和论述。自然科学事物知识理论和论述为自然科学理论，社会领域知识理论和论述为社会科学理论，数学领域知识理论和论述为数学理论。

数学理论是严谨的逻辑推理科学，将地球表层学和经济地理学用严谨的数学理论建成一个科学体系，既定量又科学，这就是钱学森讲的数量地理学。城市建设和创建山水城市如果没有这么一个科学体系，我们创建什么城市都没有科学依据。城市规划是直接改造客观世界的工程技术，城市学是城市规划的理论基础。钱学森认为:“认识客观世界的学问就是科学，改造客观世界的学问就是技术。”我们只有科学地、理性地、严谨地认识客观事物，才能正确地改造客观世界。

城市建设有自身的体系，有体系就有结构。我国的城镇可分为集镇、县城、城市和超大城市。据财经网2019年8月公布的数据，国家统计局在新中国成立70周年公布我国城市数672个。其中，地级以上城市297个，县级以上市375个，建制镇21297个。随着我国改革开放的不断深入，经济迅速发展，城市结构也发生了很大的变化。从几千人的集镇到几千万人的超大城市，城市与城市之间，集镇与超大城市之间不但有区位上的不同，同时也存在经济上、政策上的不同。这样的城市结构与城市体系对于创建山水城市都要深入研究。

随着我国信息化建设的不断深化，交通运输现代化的不断深入，城市体系、城市结构都会发生相应的变化。如中央、国务院决定建设区域性规划，将上海市、江苏省、浙江省、安徽省、江西省归位为长三角区域发展经济，河北省、天津市、北京市归位为京津冀一体化建设。所以，我们研究城市规划—城市学—数量地理学的科学体系，一定要根据城市体系的结构变化不断深入研究，既要了解城市的历史，又要看城市现在的发展状况，也要展望城市的未来，我们的城市科学体系才有理有据。

第6章

# 山水城市综合集成创新体系

钱学森在1985年5月8日讲道:“我觉得要解决当前复杂的城市问题，首先得明确一个指导思想——理论。因为按照马克思主义原理，实践是要在理论指导下的，理论要联系实际，但必须有理论。实际问题我提不出意见，但能不能够讲点理论，从远一点的地方讲起，先讲讲有必要建立一门应用的理论科学，就是城市学。”钱学森是世界著名的科学家，他为祖国的航空航天事业作出了开创性的贡献，是我国航空航天事业的拓荒者和奠基人。在他波澜壮阔、跌宕起伏的科学生涯中，在空气动力学、工程控制论、系统工程与系统科学、科学技术体系与马克思主义哲学等方面都有杰出的贡献，充分体现了他理论联系实际，科学技术与马克思主义哲学结合的突出特点。为此，国家授予他“两弹一星”功勋科学家和“国家杰出贡献科学家”及“一级英雄模范奖章”荣誉。这些在他的科学生涯中只是一部分，他对马克思主义哲学和建筑科学都有巨大贡献，特别是在创建山水城市科学理论方面有其独到的见解。创建城市学就是钱学森构建山水城市的应用科学理论。所以他认为:“科技创新与管理创新有机结合起来，才能体现综合集成创新，这是系统工程思想的集中体现。”

改革的最终目的是建立新的体制，创建新的机制，提出新的方法，就是将那些不适应社会发展的体制和机制进行创新。改革不能没有科学方法和科学理论，马克思主义原理认为理论来源于实践，理论的正确与否在实践中才能得到验证。新中国成立70多年来，我们从花园城市、园林城市、生态城市再到海绵城市等一直在创建新的体制，但这些新的体制缺少科学理论支撑，没有建立一个完整的科学体系。钱学森提出创建山水城市的概念，随之提出创建从城市规划—城市学—数量地理学这个科学体系。山水城市概念的提出和科学体系的构建，为我们综合集成创新打下了理论基础。任何一个新概念的提出，让人们接受都要有个过程。城市是一个复杂的巨系统，我们必须用系统工程的科学思想去指导山水城市的创建，因为“体制与机制的创新，组织管理创新与技术自主创新有机结合起来，实现综合集成创新”，才能把山水城市的概念变为现实。

## 6.1 理论创新

孟子讲：“生于忧患，死于安乐。”人类的生存从蒙昧时代火的使用到石器时代石器的使用都是人类创新生存的本能。原中央军委委员、总装备部部长常万全就认为：“钱学森同志作为伟大科学家的显著标志，是在理论和实践创新上的卓越成就。他的理论创新成果，不仅体现在科技领域，而且涵盖了经济社会的多个领域。他参与创新的‘两弹一星’等辉煌成就是支撑起民族脊梁的伟大创新之作。可以说，没有创新精神，就没有国防科技事业和武器装备的发展。历史反复证明，创新是一个国家兴旺发达的不竭动力，创新展示的是精神，是能力。”理论创新的价值在于指导科学实践，学术研究的目的在于运用。钱学森曾讲过：“如果不创新，我们将成为无能之辈。”人类社会是一个复杂的巨系统，在这个复杂的巨系统中怎么才能把握住社会发展的主动脉，只有用从定性到定量综合集成的系统工程才是解决社会复杂问题的科学方法。科学是开启人类智慧的法宝，技术是创造物质财富的手段。我们知道科学的功能是发现，技术的功能是发明。这就证实了认识客观世界的学问是科学，改造客观世界的学问是技术。对客观世界认识的正确与否，直接影响着人们改造客观世界的成功与失败。这也证实了科学理论的重要性。于景元在总结钱学森系统科学成就与贡献时说："在组织管理上是总体设计部和两条指挥线的系统工程管理方式。实践证明这套组织管理方法是十分有效的。从今天来看，就是在当时条件下，把科学技术创新、组织管理创新与体制机制创新有机结合起来，实现了综合集成创新，从而走出了一条发展我国航天事业的自主创新道路。我国航天事业一直在持续发展，现在已经发展到了载人航天阶段，其根本原因就在于自主创新。航天系统工程的成功实践，证明了系统工程的科学性和有效性。而且不仅适用自然科学工程，同样也适用于社会工程。系统工程应用于实践也是钱老对管理科学与工程的重大贡献。"那么山水城市的理论在哪了呢？上一章已经讲了，城市学是创建山水城市的应用理论科学。在城市规划—城市学—数量地理学这一科学体系中，我们可以分为基础理论、技术科学和应用技术，三个层次是相互关联和相互促进的关系，它们之间没有隔阂。城市学既然是应用理论科学，我们必须将其理论体系结构分清，为创建新的理论打下基础。钱学敏教授在《钱学森对"大成智慧学"的探索》[①] 一文中对这三层次讲得非常清楚：

"基础科学是综合提炼具体学科领域内各种现象的性质和较为普遍的原理、原则、规律等而形成的基础理论。其研究侧重在认识世界过程中，进行新的探索获得新的知识，发现新的规律，形成更为深刻的理论。它是技术科学、工程技术发展的先导，也是衡量一个国家科技水平与实力的重要标志。

① 《钱学森学术思想研究论文集》第234页，国防工业出版社2011年11月版。

“技术科学是20世纪初至第二次世界大战前，才开始在科学与技术之间形成的一个中间层次，它侧重揭示现象的机制、层次、关系等的实质，并提炼工程技术中普遍适用的原则、规律和方法。它主要是如何将基础科学准确便捷地应用于工程实践的学问，是技术科学转化为社会生产力的关键。

“应用技术侧重于将基础科学和技术科学知识应用于实践活动，并在具体的工程实践中总结经验，创造新技术、新方法，使科学技术迅速成为社会生产力的学问。应用技术的发展，也必将丰富和完善技术科学、基础科学，它是技术科学、基础科学发展的根本动力。”

基础科学、技术科学和应用技术是相互关联、相辅相成的，基础科学是引导技术科学和应用技术发展的。历史的发展可以证实基础科学的重要性。1832年法拉第通过实验发现电磁感应现象，直到1873年麦克斯韦发表《电磁学通论》，1888年赫兹利用这个电磁基础理论，通过实验证实了电磁波的存在。1898年马可尼将电磁理论变为现实，在英吉利海峡建起了跨海无线电商业通信。这说明基础科学指导科学技术和应用技术，技术科学和应用技术又推动着基础科学的发展。邓小平提出的“科学技术是第一生产力”的科学依据就在于此。这同时也说明了基础科学的重要性。从这可以证实基础科学是认识客观世界的学问，技术科学是改造客观世界的手段。没有基础科学就不可能有技术科学，没有技术科学，基础科学也不会向前发展，它们是相辅相成的。实践—认识—再实践—再认识，这就是认识客观世界的规律，从中也可以看出基础科学的重要性。山水城市应用理论科学，也就是基础科学——城市学，它的创新理论从何处谈起？钱学森运用系统科学的理论和方法创建了现代科学技术体系，用系统科学理论指导我国开创了航空航天事业的辉煌，其也一定能指导创建山水城市。城市本身就是一个复杂的巨系统，要解决复杂的巨系统，就必须采用从定性到定量综合集成的科学理论。城市学作为创建山水城市的基础理论，它是随着城市的发展而不断完善的，这也符合马克思主义哲学观，实践—认识—再实践。城市学发展到现今已有几十个学科，城市学即是创建山水城市的基础科学，根据钱学森现代科学技术体系的理论，城市学也分为三个层次，即基础科学、技术科学和应用技术，城市学科各自有一座桥梁到达马克思主义哲学——辩证唯物主义（第5章图5-1）。城市学的基础理论会随着社会的发展而不断地增加和完善，也会随着人们认识客观世界和改造客观世界的水平的提高而提高，其基础理论也会不断地丰富。城市学的理论基础是数量地理学，数量地理学是钱学森提出的新概念，是在总结地理表层学、经济地理学和定量的数学理论的基础上而提出的。数量地理学既然是创建山水城市的理论基础，它本身又分为基础理论、技术科学和应用技术三个层次，城市学的基本结构也是由这三个层次构成的。所以，我们创建山水城市的首要问题是掌握基础科学，因为基础科学是“综合提炼具体学科领域内各种现象的性质和较为普遍的原理、原则、规律等而形成的基础理论”[①]。城市学既然是基础理论科学，应在此基础上指导山水城市的创建。

科学是认识客观世界的学问，技术是改造客观世界的手段，工程是改造客观世界的实践。自然科学是精密科学，是采用从定性到定量的综合集成方法。而社会科学是描述科学，一般采用从定性到定性的形象思维和描述方法。城市是一个复杂的巨系统，我们要用自然科学的逻辑思维、社会科学的形象思维、宏观与微观相结合的创造思维，去构建山水城市理论。城市学本身就是由自然科学、社会科学和哲学构成的，我们要采用综合集成方法，从定性到

① 钱学敏：《钱学森学术思想研究论文集》第234页，国防工业出版社2011年11月版。

定量综合集成方法理论，去创建城市科学理论，因为它的科学体系是由城市规划—城市学—数量地理学构成的。于景元在研究钱学森综合集成思想体系时讲得非常精彩："可以看出综合集成思想是钱学森系统科学思想的重要发展。综合集成思想在方法论层次上的体现就是综合集成方法。运用综合集成方法所形成的系统理论与系统技术，是综合集成思想在科学、技术层次上的体现。综合集成工程则是综合集成思想在实践层次上的体现，而综合集成思想在哲学层次上的体现就是大成智慧。这样，从综合集成思想、综合集成方法、综合集成理论、综合集成技术到综合集成工程，就构成了钱学森综合集成体系，这个体系整体必将在现代科学技术向综合性、整体化方向发展中，发挥重要作用。"

城市本身是一个复杂巨系统，处理这样的复杂巨系统，我们必须用综合集成方法和理论来指导山水城市建设。城市规划—城市学—数量地理学这个科学体系涵盖了自然科学、社会科学和哲学。所以，我们必须用辩证思维和综合创新的方法去构建山水城市的科学理论。

### 6.1.1 辩证思维

山水城市概念的提出，是以传统的"天人合一"哲学理论为基础的，并赋予现代科学精神。城市的发展是随着社会经济的发展而不断创新的。我们现在提出的智慧城市、大数据城市、海绵城市、生态城市、花园城市和园林城市等，与山水城市并不矛盾，山水城市是基础，其他只是城市的一种功能，功能只会赋予城市更多的智能，它改变不了城市的基础。创建山水城市必须综合城市学的基础理论，它涵盖了城市的政治、经济、文化和军事等领域。所以，山水城市的理论创建只能用"从定性到定量综合集成方法"，这样不悖于山水城市的初衷。

### 6.1.2 综合创新

山水城市概念的提出，本身就是一种创新，我们知道山水城市的理论基础是城市学，它涵盖了自然科学、社会科学和哲学。自然科学是精密科学，社会科学是描述科学，哲学是人类文明的高度概括。从表象上看它们之间互不关联，这是传统上的惯性思维。事实上，自然科学的逻辑思维和社会科学形象思维是相互关联的，自然科学往往是形象思维立论，逻辑思维结束。城市学本身就体现了逻辑思维和形象思维的结合体，所以，山水城市的科学理论必须创新，而且要综合创新。

## 6.2 技术自主创新

科学是认识客观世界的学问，技术是改造世界的手段。这是钱学森对科学技术的界定。技术是直接改造客观世界的手段，它在科学理论的指导下才能完成。于景元在《综合集成　大成智慧》一文中明确指出："从知识角度来看，总体设计部和综合集成方法是知识创新主体，但和一般知识创新主体不同，它是进行跨学科、跨领域、跨层次研究并实现综合集成创新的知识创新主体。它既可以进行科学创新，建立综合集成理论，也可以进行技术创新，发展综合集成技术，还可以进行应用创新，用于综合集成工程。"这是于景元对钱学森的系统科学成就与贡献的科学总结。对于构建山水城市的技术创新有着指导意义。

城市是一个复杂的巨系统，它是一个跨学科、跨领域和跨层次的综合体，既包含自然科学、社会科学和人文科学，又有哲学的概括。山水城市概念的提出，就是在这复杂的巨系统中提出新的内涵。鲍世行说："我认为建筑科学就是要从科学与艺术结合的角度去研究人类（社会的人）与自然环境与人工环境的和谐相处的问题。"城市是一个社会系统工程，这也反映出城市的复杂性，在处理复杂巨系统问题时，必须采取"从定性到定量综合集成方法"来解决城市问题。城市学本身是构建山水城市的基础理论，只有充分掌握和深刻理解基础理论，才能有的放矢地进行技术自主创新。

### 6.2.1 组织管理创新

1978年9月27日，由钱学森、许国志、王寿云合写的文章《组织管理技术——系统工程》发表在《文汇报》上，这是我国首次在报纸上宣传系统工程这门科学技术。系统工程这门科学技术早在20世纪60年代在航天领域实施并取得了辉煌的业绩。那时的中国航天领域一片空白，而"两弹一星"的研制又是一个非常复杂的系统工程，它涉及多种专业、资源投入巨大、风险很高、专业性极强。当时我国的工业经济非常薄弱，技术基础几乎为零。在这样的条件下，怎么有效地利用科学技术去完成导弹研制任务？钱学森开创性地在国防部第五研究院设立总体设计部，负责对各系统的技术协调、总体设计和统筹规划。这是钱学森系统工程理论在航天领域的实践与应用，并取得了辉煌业绩。

城市是人类文明的载体，它的复杂性并不亚于航天系统。钱学森山水城市的创建一定考虑了城市的复杂性，因为社会系统就是一个非常复杂的巨系统。所以，创建山水城市的首要任务就是设立一个总体设计部，以协调各门学科融合创新。总体设计部要由自然科学专家、社会科学专家、地质学专家、水文学专家、历史学专家、民俗学专家、考古学专家、城市规划学专家、建筑学专家、园林学专家和文学艺术专家等组成。山水城市总体设计部要有国家层面的和省、市层面的。总体设计部的专家们应掌握系统的科学理论并运用有关的科学理论方法，以计算机为工具，进行山水城市的系统结构、自然环境和人工环境的功能分析、解疑与综合，就此建模、仿真、分析、优化、运行与评估，以求得最佳的设计方案。这是航天系统的模式，也是创建山水城市的最佳模式。

### 6.2.2 思想观念创新

思想观念决定着人们的思维取向和行为方式。保守的思想是观念创新的最大障碍。思想观念的创新是关键，钱学森在航空航天事业中创建了系统工程管理方法，把体制机制创新、组织管理创新和技术自主创新有机结合起来，实现综合集成创新。这种创新是在组织管理上由总体设计部和两条指挥线组成的管理方式。由此可以看出，思想观念要跟上创新模式，不然人们的观念永远处于保守状态。自主创新是相对于技术引进、模仿、仿制而言的技术创新。我们要保持自己的综合集成创新，思想观念的转变是根本。城市是人类社会文明的载体，人类社会的政治、经济、军事和文化都承载在城市里，所以，城市是一个复杂的巨系统。处理复杂的巨系统必须掌握系统的科学理论，因为它是解决复杂巨系统最科学的方法。我们都知道系统工程是组织管理系统的技术，钱学森认为“组织管理的技术——系统工程”，这是从系统的整体出发，依据总体目标的需要，以系统方法为核心并综合运用系统科学理论，以计算机为工具，进行系统建模、仿真、分析、优化以求达到系统最佳优选。创建山水城市的理论基础是城市学，城市学是自人类创建城市以来逐渐形成的学科，是有自身规律的。山水城市是一个创新的概念，要将这一概念付诸实施，就必须把有关体制机制创新、组织管理创新与技术自主创新有机结合起来，实现综合集成创新才能实现这一目标。我们根据钱学森的系统科学思想，制定山水城市创建模式，建立组织管理系统工程，形成研究、规划、设计、建模、仿真、分析、优化的科学方法，要在山水城市总体设计部下来完成，要有两条指挥线来组织实施，一条是各行业专家组成的专家线，另一条是行政指挥线，负责调配各方关系和协调各种资源。这样城市复杂巨系统才能采用“从定性到定量综合集成方法”去处理复杂问题。山水城市的创建绝大部分是在原有城市的基础上改造的。我们的城市大部分是老旧城区，这是历史的遗迹，也是城市的文化底蕴。这样的自然环境与人工环境人们都习以为常，要想改造人们习以为常的生活常态确实需要专家们的创新思维观念，以引导人们支持山水城市的创建。因为创建山水城市的目的就是让人们生活在宜居、环保、美丽和便捷的城市里。

### 6.2.3 综合集成创新

我国城市的体制是传统模式，城市的机制是这种模式的管理方式。城市的组织管理也一直延续着传统模式。事实证明，这种体制机制和管理模式非常有效。从新中国成立到改革开放，从改革开放到脱贫攻坚，从脱贫攻坚到抗击疫情都证明这种体制机制管理模式非常有优势。随着社会不断向前发展，现代科学技术飞速跳跃，人们对社会发展速度的适应性，已经远远不适应科学技术发展的要求。科技的创新与组织管理创新有机地结合起来，实现综合集成创新，这正是钱学森系统工程思想的集中体现，只有掌握系统工程科学思想人们才能尽快适应现代科学技术飞速发展的社会。山水城市概念的提出既是一种创新理念，也是一种适应人们观念转变的创新理念。山水城市综合创新可以从以下几点理解。

### 1.山水城市总体设计体系

中国城市的发展可以分为几个阶段和特点，从传统城市、园林城市、花园城市、生态城市、森林城市到智慧城市、海绵城市、数字城市、大数据城市等，这些都是城市的一种功能，并不是城市的基础，城市的基础是宜居的。所以，山水城市是最适合人居的城市。钱学森在提出这一创新概念时说："将中国山水诗词、中国的古典园林建筑和中国的山水画融合在一起创立山水城市。"其内涵非常明确，山水城市必须有中国特色，必须是可持续发展的，必须是人们宜居的、宜生活的、宜工作的生态城市。其主要特点就是山水城市与自然环境和人工环境协调一致，这就给出了创建山水城市的总体目标。

首先，国家要有山水城市总体设计部，要由城市规划专家、建筑设计专家、园林专家、历史专家、民俗专家、考古专家、生态专家、地质专家、水文专家、气象专家和自然科学专家和社会科学专家等组成，各地方要有地方总体设计部。在总体设计部中实施科学组织管理技术——系统工程。各地城市因条件各异，但必须采用山水城市科学理论，用现代科学技术建模、仿真、分析、优化、评估和实施。这套方法在航天领域非常有效，在山水城市创建中也一定会有用。

### 2.山水城市总体设计部指挥体系

山水城市总体设计部应分为两套指挥系统：一是以专家组成的总师系统，负责山水城市的规划设计、建模、仿真、分析、优化、评估和实施，这是总体设计部的技术岗位体系。二是总体设计部的行政指挥系统，负责行政协调和管理体系。行政指挥体系是山水城市任务目标的制定者，总师体系是任务目标的实施者。两者是相辅相成的协调关系，行政指挥系统在制定任务目标时一定要听取总师体系的技术咨询，总师体系规划设计任务目标时也一定要请行政指挥体系审核是否达到任务的要求。

在总师体系中，总体设计部总工程师不是一个人，而是由山水城市规划设计各行业专家团队组成的，他们是任务总负责人，是山水城市规划设计的组织者和决策者。在总体设计部中任务总工程师在系统中应按层次自上而下设任务副总上程师，各系统中设主任工程师、副主仟工程师。这是任务总师的技术岗位，他们应对山水城市的规划、设计、实施并负全责。

在指挥体系中，总指挥是山水城市任务目标制定与工作协调和任务管理的总负责人，是山水城市创建任务资源调配和保障方面的决策者。城市建设是一个非常复杂的巨系统，处理非常复杂巨系统的科学方法就是采用“从定性到定量综合集成方法”。这是钱学森在航天领域创立的科学方法，它在处理航天领域复杂巨系统问题时非常有效，并取得了辉煌业绩。这种方法能在有限的资源中取得让世人惊叹的成绩。山水城市的创建和航天领域系统看似风马牛不相及，但它们都是复杂巨系统，处理复杂巨系统就应采用“从定性到定量综合集成方法”，而应用综合集成方法的集体就是总体设计部。从方法和技术层次上看就是人—机结合、人—网结合，以人为主的信息、知识和智慧的综合集成技术。城市主体是人，而不是建筑，建筑只是为人服务的，这是建筑的功能。城市的应用层次和运用层次都是复杂巨系统，所以必须采用以总体设计部为中心的综合集成工程。山水城市的创建，大部分是在老城区的基础上改造的，老城区又是城市文化底蕴最深厚的地方，我们必须掌握山水城市的创建功能。所以，山水城市的创建必须要有城市居民参与，听取他们的意见，居民不是专家，但他们的意见值得参考，因为山水城市最终是为人服务的。

### 3.山水城市的质量标准体系

创建山水城市是什么样的标准？有没有量化指标？指标是什么？有科学

界定吗？这都需要我们用心研究。周干峙讲："山水城市讲的是一种思想理念，是城市的一种模式，就是要建设有中国特色的，跟自然环境结合的，具有高度水准的城市。因为它是一种思想，一种学术观点，不是政策，不是千篇一律的，也不强求统一，恰恰要求城市因城制宜，各有不同。如果这样讲，就可以开阔我们的思路，可以通过这些认识来影响我们的决策。使我们的决策更加符合实际，符合本城市的特点，推动我们城市建设水平的提高。所以，我是很赞成这个提法的。"随着城市的飞速发展，城市建设追求高、大、尚，使许多城市百城一面，千城一律，看不出城市的地方特色，也没有中国特色。山水城市的质量标准正在探讨中，但有一个前提就是具有中国特色。城市建设与自然环境、人工环境要协调发展。吴良镛讲："我认为山水城市这一命题的核心是如何处理好城市与自然的关系。"我们可以根据这条来确定山水城市的质量与标准。

4.山水城市管理体系

山水城市的构建，我们都有一个共同认识，它是一个复杂的巨系统，既有自然科学的精密论证过程，也有社会科学描述论证过程。城市本身就有自然属性、社会属性和人文属性。我们必须把这些不同性质的学科综合集成起来，才能全面认识城市各个系统之间的关系。管理科学就是自然科学、社会科学和人文科学相互交叉与融合的学科，所以，钱学森认为它是"组织管理的技术——系统工程"。于景元认为："系统工程是组织管理系统的技术，它根据系统总目标的要求，从系统整体出发，运用综合集成方法把与系统有关的学科理论方法与技术综合集成起来，对系统结构、环境与功能进行总体分析、总体论证、总体设计和总体协调，其中包括系统建模、仿真、分析、优化、设计和评估，以求得可行的、满意的或最好的系统方案并付诸实施。"山水城市的创建由此可以证明是一个系统工程，它的管理模式也必须用系统工程科学理论来指导。城市本身是一个复杂的巨系统，它的下面有交通系统、电力系统、建筑系统、供暖系统、供排水系统、文教系统、商业系统、通信系统、水文系统、地质系统、生态系统、防灾减灾系统、休闲娱乐系统、行政管理系统等。系统与系统之间既相互联系，又相互融合。山水城市总系统与分系统必须要有综合集成科学方法创立建模、仿真、分析、优化、设计和评估的管理模式。

我们知道科学是认识客观世界的学问，技术是改造客观世界的学问，工程是改造客观世界的实践。对于山水城市的实践和工程都是一个具体的实际系统，如城市道路的改造涉及交通系统，城市历史文化遗迹的处理，涉及城市历史文化系统。因此，山水城市的创建就是系统的实践，也就是系统工程。由此来说，山水城市创建的决策与组织管理的技术，就成为系统的决策与组织管理的问题。所以，山水城市管理体系就必须掌握系统工程的科学理论与方法。在处理城市复杂系统时的首要问题就是建立一个山水城市总体设计部，只有总体设计部才是应用系统工程的实体部门，因为总体设计部是由工程系统专家组成的。钱学森在总结“两弹一星”所取得的成绩时指出:“科学创新必须与组织管理创新有机结合起来，才能体现综合集成创新，这是系统工程思想的集中体现。”山水城市概念的创立，本身就是创新，如果还用传统管理体制和机制无疑是对创新模式的一种束缚。

在创立山水城市的同时必须构建与之相适应的组织管理技术——系统工程。运用系统工程的平台就是总体设计部。山水城市总体设计部管理体系可以借鉴于景元的综合集成方法图来说明其重要性（图6-1)。系统工程本身也有其科学体系，系统工程的科学思想和科学方法是我们创建山水城市的知识宝库和精神财富。从现代科学技术的发展来看，学科越分越细，还在不断分化，同时又产生许多新的学科和领域。不同的学科和领域之间还相互交叉、相互融合。所以，我们创建山水城市既要掌握系统科学思想，又要理解系统工程科学方法。因为城市本身就是一个多学科融合的系统，必须掌握系统思维和系统科学思想，深刻了解钱学森的综合集成思想和综合集成方法，创建城市建设的终极目标——山水城市就一定能够实现。

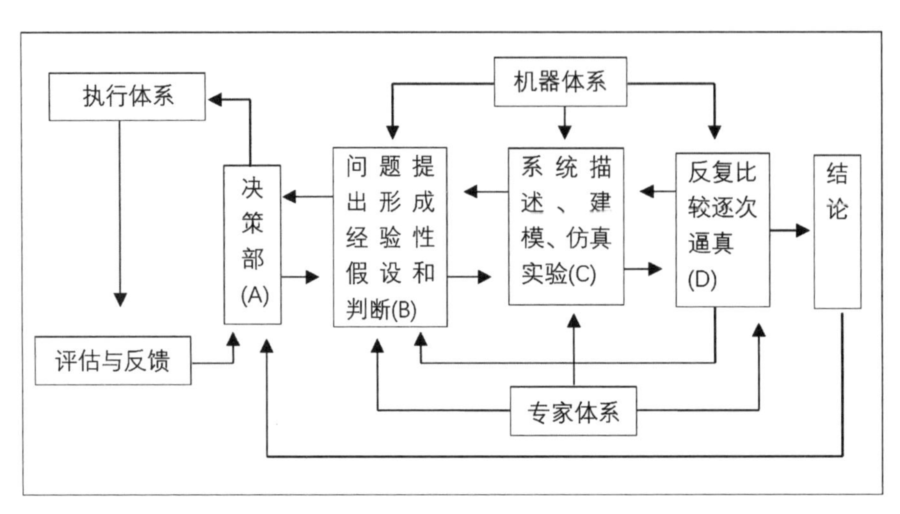


图6-1 于景元的综合集成方法图

这个管理体系可以从两条线来执行，一是专家团队任务目标的技术执行线，二是部门协调指挥的行政线。行政线负责任务目标的选定，技术执行线负责任务目标的制定。A决策部门实际上就是总体设计部，B由总体设计部决策部门行政指挥系统提出任务目标，再由专家团队系统设计任务目标方案。C专家团队系统根据山水城市的要求设计建模，在利用计算机仿真。专家团队根据建模、仿真后分析、优化以达到任务目标的要求。方案要经过反复修改、分析、优化和论证。D表示的是一个任务目标要经过多次论证，得出科学的结论后反馈给决策部门。从这张图中可以清晰地看出山水城市系统工程的科学性、有效性。

5.山水城市自主创新体系

山水城市概念的提出本身就是一种创新，自主创新是相对于科学技术的引进和仿制而言的。钱学森提出的："把中国的山水诗词、中国古典园林建筑和中国山水画融合在一起，创立'山水城市'的概念。人离开自然，又要返回自然。"城市要与自然和谐发展，不能以牺牲自然生态为代价。所以钱学森在给李宏林的信中一再强调"我设想的山水城市是把我国的传统园林思想与整个城市结合起来，让每个市民都生活在园林之中，而不是要市民去找园林绿地、风景名胜"。我国现有城市670多个，从小城市、中等城市、大城市到超级城市，其发展已经有几十年、上百年甚至上千年的历史，已经形成一定的规模和建制。山水城市的创建几乎是在这个基础上改建的。这就给我们提出了新的课题。所以，没有创新意识是很难掌握山水城市的精髓的。自主创新是体制机制创新、组织管理创新和技术自主创新的有机结合，不是哪一项创新单独能完成的，因为城市是一个复杂的巨系统。系统工程方法和综合集成理论决定只有综合集成创新才能解决复杂问题。

山水城市创建的核心就是与自然环境和人文环境和谐发展。山水城市不是挖水堆山，钱学森给鲍世行回信时就说："山水城市的核心精神主要是'尊重自然生态、尊重历史文化、重视科学技术、面向未来发展'。对于这一点一定要全面地、正确理解，并非是搞一些具体的挖水堆山。"钱学森的系统工程与系统科学的综合集成创新理论，为我国航空航天事业取得辉煌成就作出了巨大贡献。我们也深信必将为山水城市的创建指明一条科学之路。既然是一条科学之路，就得尊重科学，相信科学，因为创建山水城市的目的就是"尊重自然生态、尊重历史文化、重视科学技术、面向未来发展"。因为我们不能把山水城市庸俗化了。周干峙院士讲得非常好，他说："一定要保护好山水城市的名誉。我们现在讨论和宣传山水城市问题，不要轻易地给城市加上'山水城市'的帽子，千万不要把山水城市的名誉搞坏了。就像我们搞高科技开发区，如果每个县都有高科技开发区，恐怕就把高科技开发区庸俗化了。"

我们创建山水城市必须深刻理解钱学森的现代科学技术体系的内涵，因为它是创建山水城市的理论源泉。充分掌握系统工程和系统科学的理论方法，学会"科学技术创新必须与组织管理创新有机结合起来，才能体现综合集成创新，这是系统工程思想的集中体现"。山水城市的概念虽然还在讨论中，我深信它一定能够在我国城市群中竖起一座丰碑。

# 附　录

这是一篇践行钱学森“山水城市”科学思想的调研报告。吴良镛院士主持的《滇西北人居环境规划研究》是清华大学与美国大自然保护协会的合作项目，是保护滇西北生物多样性和建设国家公园的先期调研。对滇西北人居生态环境复杂巨系统采用钱学森“从定性到定量综合研讨”体系，用系统工程的科学方法处理人居生态环境的复杂问题，是吴良镛院士自觉地以“山水城市”科学思想理论为指导创建滇西北人居生态环境。他提议创建“以地方的科研机构与人力为主，以必要的外部力量为辅的科研体制”，实际就是钱学森倡议创建“山水城市”的“总体设计部”。这是一个创建“山水城市”非常有指导意义的案例。

# 严峻生态条件下可持续发展的研究方法论思考

——以滇西北人居环境规划研究为例

Thoughts on Methodology of the Study on Sustainable Development in Rough Subsistence Conditions

吴良镛

1998年年初，云南省人民政府与美国大自然保护协会（TNC）提出合作开展保护滇西北生物多样性、建设国家公园的研究。为了准备这个国际合作项目，云南省有关方面决定开展先期的预研究。与此同时，为了贯彻科教兴滇和可持续发展战略，促进云南省社会经济全面发展，云南省政府与清华大学共同决定，实施云南省与清华大学合作的省校合作项目。上述先期的预研究也已纳入省校合作项目。经过项目参加各单位为期近一年的工作，目前已完成预研究的报告。特在此述及此次研究中涉及的方法论问题。

## 复杂生态、生存条件下必须立足统筹研究

经过研究，我们认为，滇西北地区生态环境复杂、脆弱，而人文环境又独特、丰富，是我们生物多样性和文化多样性保护的关键地区。但滇西北又是云南省主要的贫困地区之一，经济发展长期迟滞、落后。在推动保护滇西北生物多样性和促进地区经济发展这一双重任务之间，面临着许多严峻的、难度极

大的问题和矛盾。并且，由于滇西北是一个极端贫困的地区，生存条件极为恶劣，因此，涉及滇西北保护与发展的任务研究，都必须与人的生存环境联系起来，与人居环境建设联系起来。

这就给任何欲解决问题的对策研究带来了不同于一般的复杂性。也由此，对可持续发展战略这一国策的研究和落实，从一开始就必须从以下几个方面予以统筹兼顾。

1. 必须坚持保护第一的观点，并在建立地区生物多样性保护网络的基础上，切实做好滇西北生态环境保护与经济发展的协调统一。

2. 有序发展旅游及基于本地生态和优势的其他各业，科学合理地、有效地推动地方经济发展。

3. 要在促进地方经济发展的过程中，切实保护地方文化多样性。

4. 在协调处理保护与发展的过程这一矛盾关系中，要推行适应性、保护性的人居环境规划建设与管理。

## 必须是多学科参与的关联研究

对于上述研究，当然需要多学科参与，这一点一般都能接受和理解。我们早在“滇西北地区人居环境可持续发展研究的总体设想”（1998年5月27日）中，即已提出需要进行“融贯的综合研究”。所谓融贯，就是指各有关学科联合在一起，先把问题找出来，以问题为导向进行求解，在此基础上，再进行综合。这也就是所谓的“综合集成”（mcta synthsis）方法论。而本项目预研究报告中的研究框架就是这种“综合集成”的产物。

这样做的理论基础在于，“滇西北人居环境（含国家公园）可持续发展规划研究”这一课题属于一种复杂性科学（science of complexity）研究的范畴，其研究对象是一个开放的复杂巨系统（opened complex giant system），因此，在这项研究中一定要处理好系统与整体性的关系。

我们过去之所以一再说不能将不同的课题分给各有关专业，各写各的论文，最后把这些论文“扎成一捆”，汇总成册，交差了事，就是因为这样做，结果是完成于事无补的。

从理论上说，我们与过去一般的观点和做法的不同在于，复杂性科学认为，世界不具有简单的统一性，即所谓世界可以分为许多小的部分，如果将每一部分研究搞透了，最后叠加起来，问题就能得到解决（这种理论的基础就是还原论）；而复杂巨系统具有开放性、复杂性、层次性、相互关联性，甚至互为前提性等这些特征，因此考虑问题的着眼点，立足点就不是孤立地就某一个方面、某一个学科、某一个角度，分门别类地就事论事。我们必须考虑事务的相互关联性，并且尤为重要的是这种多学科研究过程的贯彻，必须与地区的发展联系起来。正因为如此，就需要：

1.对各分专题的报告作有机的、关联性汇总。

2.始终把这项工作看作是一个研究过程，而不仅仅看作是为了追求一个最终的研究结果。

3.在研究中始终贯彻从定性到定量和逐步深入深化的原则，并贯穿全过程。

多学科参与的关联性成果最终应成为政府的战略选择，多学科学的研究成果必须加以贯彻落实，即最终应形成政府制定的行动计划和发展战略。为此，我们在研究中强调了地方政府与科研院校共同合作的重要性，并认为首要的是，应拟定出包括以下内容的共同行动计划：

1.先选择某一典型地区（例如迪庆州中甸县或其他地区）进行试点工作，

在取得经验后，再大范围地向面上铺开。

2.必须采取紧急措施，立即冻结保护区内的不合理建设项目，制止各自为政的掠夺性开发。

3.积极着手进行保护生物多样性和人居环境建设的立法工作，尽快制定相应的法律法规条例，加强执法监督机构的建设。

## 要紧紧把握住研究、规则、实施诸环节间的融贯和整体性关系

由于滇西北目前正处于一个迅速发展变化的过程之中（巨系统的过程变化也非常迅速），任何自相矛盾的解决或解答，只能求得暂时的平衡。一旦滇西北人居环境可持续发展的原则经科学研究确定之后，随后的许多具体的措施，就必须依据日后生态环境状况的实际发展变化，进行连续的追踪研究、观察。每个阶段（假定一年或几年），都要根据实施情况和生态环境变化的动向来调整项目研究的指导战略。换言之，这也是将融贯的综合研究思路和方法贯彻在规划程序的全过程，形成多学科研究—制定发展战略—贯彻落实—反馈调整，这样一个连续滚动的整体动态过程。没有整体性，也就形不成整体的动态。这也可称之为动态的复杂巨系统。

有鉴于此，笔者在此特别建议云南省政府建立以地方的科研机构与人力为主，以必要的外部力量为辅的科研体制，并由省与各级地区的人力、设施、资源共同形成滇西北生态环境保护与人居环境建设的科学研究和具体实施的技术核心。

钱学森先生言："21世纪是一个整体世界"。在面向21世纪的发展中，我们必须在研究中抓住整体性这一环节，将科学研究工作同政府工作的战略制定与实施紧密结合起来。

# 参考文献


[1] 孟兆祯.山水城市　知行合一[J].风景园林，2011.

[2] 钱学森.钱学森书信选[M].北京：国防工业出版社，2008.

[3] 陈华新.集大成　得智慧：钱学森谈教育[M].上海：上海交通大学出版社，2007.

[4] 鲍世行.钱学森论山水城市[M].北京：中国建筑工业出版社，2010.

[5] 胡洁.山水城市梦想人居[M].北京：中国建筑工业出版社，2018.

[6] 鲍世行，顾孟潮.钱学森建筑科学思想探微[M].北京：中国建筑工业出版社，2009.

[7] 涂元季，顾吉环.嘉言懿行[M].北京：国防工业出版社，2011.

[8] 徐客.山海经[M].西安：陕西师范大学出版社，2012.

[9] 林语堂.孔子的智慧[M].西安：陕西师范大学出版社，2006.

[10]〔宋〕郭熙.林泉高致[M].济南：山东画报出版社，2010.

[11] 孟兆祯.避暑山庄园林艺术[M].北京：紫禁城出版社，1985.

[12]〔清〕沈德潜.西湖志[M].上海：上海古籍出版社，1995.

[13] 王鲁民，吕诗佳.建构丽江[M].北京：生活·读书·新知三联书店，2013.

[14] [俄]顾彼得.被遗忘的王国[M].昆明：云南人民出版社，2007.

[15] 钱学森.论系统工程[M].上海：上海交通大学出版社，2007.

[16] 钱学森.智慧与马克思主义哲学[J].哲学研究，1987，2.

[17] 总装备部科技委.钱学森学术思想研究论文集[M].北京：国防工业出版社，2011.

[18] 钱学森.关于建立城市学的设想[J].城市规划，1985，4.

[19] 中国系统工程学会.钱学森系统科学思想研究[M].上海：上海交通大学出版社，2007.

[20] 朱良文.丽江古城与纳西族民居[M].昆明：云南科技出版社，1988.

[21] [美]约瑟夫· 洛克.中国西南古纳西王国[M].昆明：云南美术出版社，1999.

[22] 钱学敏.钱学森科学思想研究[M].西安：西安交通大学出版社，2010.

[23] [清]石涛.苦瓜和尚画语录[M].济南：山东画报出版社，2007.

[24] 钱学森.创建系统学[M].上海：上海交通大学出版社，2007.

[25] 许国志.系统科学[M].上海：上海科技教育出版社，2000.

[26] 钱学森，钱学敏.与大师的对话[M].西安：西安电子科技大学出版社，2016.

[27] 钱学森.科学的艺术与艺术的科学[M].北京：人民文学出版社，1994.

[28] 何凤臣.人性管理学[M].台湾：沧海书局，2011.

[29] 钱学森.工程控制论[M].上海：上海交通大学出版社，2007.

[30] 吴冠中.我读石涛画语录[M].郑州：大象出版社，2010.

[31] 梁衡.数理化通俗演义[M].北京：北京联合出版公司，2018.

[32] 冯友兰.人生四境界[M].武汉：长江文艺出版社，2016.

# 后　记

□ 中国人民大学哲学教授　钱学敏

史学家司马光在编纂《资治通鉴》时“鉴于往事，以资于治道”，提出:“才者，德之资也；德者，才之帅也。”钱学森德馨才高使他成为科学大师，科技帅才，其大师风范，秉传统之美德，集时代之精华，成科学之翘楚。他是从工程技术走到技术科学，又走到社会科学，再走到马克思主义哲学大门的。因此，他的哲学观和宇宙观具有鲜明的科学性，他的方法论具有严谨的系统性和实践性。他的科学思想，为时代之先声；他的爱国情怀，彰显人格之魅力；他的创新精神，是后辈学习的不竭动力；他的“两弹一星”精神，是支撑中华民族脊梁的精神源泉。我可以说是在看着他的事迹长大，学着他的精神成长，读着他的著作明白事理。深深刻在我脑海里的“科学的功能是发现，技术的功能是发明”，发现和发明有着本质的不同，发现必须创新，发明可以在前人发现的基础上发明。我们从钱学森一生的科学生涯里发现，他就是为创新而生的。

他在航空航天领域所取得的成就举世瞩目，国家授予他“国家杰出贡献科学家”和一级英雄模范奖章。这在他科学生涯中只是一部分，他对工程控制论、系统工程、科学技术体系、大成智慧学，建筑科学里都有开创性的贡献。他提出的创建“山水城市”的科学思想深深地吸引着我，让我着迷的是一个伟大的科学家，中国航空航天领域创始人怎么就能提出跨学科的科学预见呢？谜底是我看了钱学敏教授的《钱学森科学思想研究》一书。书中说：“大成智慧学构成的科学技术和知识源泉是现代科学技术发展的特点与体系源泉。”怎么才能“集大成，得智慧”呢？钱学森指出：“现代科学技术不单是研究一个个事物、一个个现象，而是研究这些事物、现象发展变化的过程，研究这些事物相互之间的关系。今天，现代科学技术已经发展成为一个严密的综合起来的体系，这是现代科学技术的一个重要特点。”为此钱学森创建了现代科学技术体系十一大部门。这时我才恍然大悟，原来他集古今中外科学知识体系之“集大成，得智慧”。他就像一只翱翔在数、理、化、天、地、生天空上的雄鹰，时刻都在寻觅着各个学科前沿课题，一旦发现就俯冲下去，探究新课题的研究方法，这是我们所有人学习的楷模。

我是学历史出身的，对航空航天领域非常陌生，好在我一直做风景园林杂志主编工作，对钱学森提出创建“山水城市”有所了解，但是太肤浅。这时中国人民大学哲学院钱学敏教授给我指出了研究方法与方向。钱学敏教授与我是忘年交，她的为人师表给我留下了深刻的印象。钱学敏教授退休后一直参与钱学森组织的学术研讨班，她非常理解和掌握钱学森科学思想，对我讲要想了解钱学森创建“山水城市”科学思想，就得掌握现代科学技术体系、系统工程学、大成智慧学，因为这些都贯穿于“山水城市”的科学思想之内的，特别要深刻了解中国的山水文化，才能把握住“山水城市”的内涵。于是我就大量阅读有关钱学森科学思想学术著作，一有问题就请教钱学敏教授，她就会真诚地把她所掌握的钱学森科学思想、她与钱学森通信交流的想法来指导我的学习，让我很快地了解了钱学森山水城市科学思想内涵。钱学敏教授的教导让我终身受益。可以说，没有钱学敏教授的鼓励与鞭策，我是不会完成《钱学森山水城市科学思想》的，在此衷心地感谢钱学敏教授。

2022年7月14日，《钱学森山水城市科学思想》书稿完成后，想请孟兆祯院士审阅，他的学生薛晓飞老师告诉我，孟院士住院了，暂时看不了了。7月15日传来噩耗，孟兆祯院士去世了，真是一声霹雳。他为此书写的《山水城市　知行合一》的前言，还没来得及审阅就离我们而去，真是“云山苍苍，江水泱泱，国士之风，山高水长”。孟兆祯院士是我国风景园林学科领路人，他对钱学森的山水城市科学思想有着非常深刻地理解，“山水城市是我国城市建设的终极目标”就是他首次提出的，并认为“中国的山水诗、山水画、山水美的研究是非常丰富的，山水城市的提出为我们点亮了一盏明灯，为城市建设和科学发展指明了方向。风景园林师必须学习城市规划，必须介入城市规划，在城市规划师的统率下介入综合城市的建设，这样才能改变城市建设的方向”。他是我非常尊敬的教授，也是深受学生爱戴的老师，此书的出版就是对他最好的怀念。

由于自己水平有限，特别是在城市建筑科学方面缺陷更大，希望专家学者和读者给予批评指教，让钱学森山水城市科学思想更加深入人心，在中国尽快地建设城市的终极目标——山水城市，让中国更加美丽，人民更加幸福安康，山水城市更加深入人心。

何凤臣

2022年7月28日星期四